欲望心理学

李少聪 / 著

全 国 百 佳 图 书 出 版 单 位
时代出版传媒股份有限公司
安 徽 人 民 出 版 社

图书在版编目 (CIP) 数据

欲望心理学 / 李少聪著 .—合肥：安徽人民出版社，2022.11

ISBN 978-7-212-11515-9

Ⅰ．①欲…　Ⅱ．①李…　Ⅲ．①欲望－通俗读物　Ⅳ．① B848.4-49

中国版本图书馆 CIP 数据核字 (2022) 第 193324 号

欲望心理学

李少聪　著

出 版 人：杨迎会　　　　　　　责任印制：董　亮

责任编辑：王光生　　　　　　　封面设计：米　乐

出版发行：时代出版传媒股份有限公司 http://www.pres-mart.com

　　　　　安徽人民出版社 http://www.ahpeople.com

地　　址：合肥市政务文化新区翡翠路 1118 号出版传媒广场八楼　邮编：230071

电　　话：0551-63533258　0551-63533292（传真）

印　　刷：廊坊市海涛印刷有限公司

开本：889mm×1194mm　　1/32　　印张：8.5　　　字数：195 千

版次：2023 年 3 月第 1 版　　2023 年 3 月第 1 次印刷

ISBN 978-7-212-11515-9　　　　定价：42.00 元

前言

　　朋友圈曾流传一篇文章《放纵欲望，正在毁灭这一代年轻人》。对浮华物质生活的追逐、对感官刺激的渴求、对金钱名利的欲罢不能等，正慢慢摧毁我们的意志力和战斗力。

　　德国科学家霍夫曼为了证明"人有欲望是正常的"，至少做了一万次实验。叔本华亦说："人是欲望和需求的化身，是无数欲求的凝结。"所以，对于普通人而言，拥有欲望并不是什么羞耻的事情。相反，正是这些大大小小的欲望垒起了我们人生追求的阶梯。

　　然而，正如人有高下之别，欲望却也有好坏之分。适度的、正面的欲望能成就一个顶级精英或一个伟大的英雄，而过度的、负面的欲望却足以使人变成一个鼠辈。

　　在哲学家叔本华的论述中，人的欲望正来源于"可望而不可即"。得不到，却又放不下，使得人心只能在莫大的苦楚中挣扎、煎熬。

　　"太想得到"让你变得无比偏激固执。正如网上流传的：

"人的痛苦是因为想得到的太多，想承担的却太少。"你斤斤计较于眼下的不如意，试图从过往温暖的回忆中汲取安慰，又或者为自己描绘一幅关于未来的美好蓝图。蝇营狗苟中，却唯独忽略了当下的行动与付出。殊不知，唯有放下对结果的执念，全心全意地投身于过程，你才能享受到真正的快乐。

想要变得更好的欲望，让你越来越热衷于攀比，越来越在意他人的目光和评价。随着内心焦虑的情绪不断发酵、膨胀，你干脆将知识付费当成救命稻草：早上起床，打开"得到"APP，耳旁立马传来罗振宇谆谆教导的声音；地铁上，先后打开"喜马拉雅"和"知乎 live"，相继完成计划中的音频学习；午休时，抓紧时间打开"在行"，学习"如何丰富自我社交技巧"；下班路上，打开"知识星球"，听大 V 讲讲时政消息；晚上睡觉前，翻翻公众号文章《如何以最快时间实现财务自由》……

少得可怜的业余时间被形形色色的"干货课程"塞得满满当当，甚至连你自己都被自己的努力感动了。在"这个世界正在淘汰不学习的人"的论调的轰炸下，你是否问过你自己：你真的需要它们吗？如果不上这些课你的生活真的会变得很糟糕吗？

其实，你的问题不在于你不好，而在于你太着急变好。过度渴望，再加上不择手段地去追逐，让你过得越来越狼狈。知识付费缓解不了了你的焦虑，你该做的是正视自我不足的同时全心接纳自己。你该做的，是找准人生的坐标，朝着想象中的未来匀速前进。

过度的物质欲望，只会吞噬你心灵的自由，令你的精神世界越来越贫瘠。明明衣服多得穿不完，却还是控制不住地想买买买。看着信用卡不断透支的数字，内心充满沮丧和不安。原先的房子住得好好的，偏偏一山望着一山高，渴望住上大平层、复式楼、学区房。于是贷款越来越多，房子也装修得越来越精美，家却变得越来越冰冷。

《菜根谭》中有这样一句话："塞得物欲之路，才堪辟道义之门。"意思是说，只有将寻求物质欲望的路途堵住，才能扩宽通往真理大门的道路。想要隔绝物欲，就要贯彻"断舍离"的理念，过上清净舒心的生活；或者尝试着转移"兴奋点"，富足精神淡化物欲。

面对权力，我们应该始终保持敬畏之心。若手里恰好掌握了点小权力，便要一刻不停地修剪欲望，让心中警钟长鸣。面对金钱，我们应始终保持淡然之心。只因财富的多少并不能决定我们的人生价值。所谓的一夜暴富永远只能是剧本，脚踏实地才是真理。

塞涅卡曾说："在面包和水面前能克制住自己的人会像朱庇特一样快乐。"贪婪的人被欲望所支配，不惜一切代价只为获取更多。可是，若你只看到了内心的欲望，却学不会克制，最终只会在欲望的泥潭里越陷越深。除了降低欲望值，为欲望设置底线外，还要学会对人生做减法，这样才能享受到人生真正的乐趣。

本书从心理学的角度入手，对包括物质、享乐、金钱、权力、攀比在内的人生诸多欲望展开了丰富的联想及深入的剖析，帮助读者了解自身的欲望和需求，以此来分析自我心理状态、调整自我人生规划。让我们在向着理想进发的过程中，一方面要借助欲望的力量追求美好，一方面做欲望的主人，驾驭它，掌控它。

目录

第一章　**求而不得的欲望，是一切痛苦之源**

1　欲望不可怕，可怕的是"太想得到" ………… 002

2　越是被禁止，越会想方设法去索取 ………… 005

3　欲望得不到满足的人，容易产生幻想 ………… 008

4　越是怀念过去的人，对现状越不满意 ………… 012

5　求而不得，会让你变得偏激和固执 ………… 015

6　特别强烈的愿望实现了，你也未必会快乐 ………… 019

7　专注于过程，而不是所谓的结果 ………… 023

8　逃离北上广就能过上自己想要的生活吗 ………… 026

9　你向往的田园生活解决不了"中年危机" ………… 029

第二章　**太着急变好的欲望，让你患上知识焦虑症**

1　自卑不是因为你不好，而是因为你太着急变好 …… 034

2　所有的焦虑都是因为你想得过多，却不去行动 …… 037

3　你知识焦虑了吗 ………… 040

4　真正厉害的人，都懂得接纳焦虑，掌控人生节奏 … 044

5　运用"渴望力"，战胜焦虑情绪 ………… 047

6 找准人生的坐标，不必执着于"更好"二字 ········ 050

7 "变得更好"这件事和受苦没有必然的关系 ······ 054

8 接纳自己的"不好"，与自我和解 ·············· 057

9 迷茫是因为你的才华还撑不起你的野心 ··········· 061

第三章 过度的物质欲望，带来精神的极度空虚

1 控制不住的"买买买"，疯狂购物背后的心理学 ··· 066

2 警惕"狄德罗效应"，不为透支的欲望付出高额
  代价 ··· 069

3 从付款到闲置，现代人因物欲满足的快感究竟有
  多短 ··· 072

4 为什么人们喜欢在行为和用品上模仿名人 ········· 076

5 "断舍离"：化解人类物欲的死结 ················· 079

6 管控不住物质消费的人，毅力都很差 ············· 083

7 内心不依赖外物，便能获得自由 ················· 086

8 转移"兴奋点"，富足精神淡化物欲 ············· 089

第四章 迷恋感官刺激的欲望，腐蚀了你的理智

1 为什么你离不开抖音 ····························· 094

2 为什么说出轨只有 0 次和 100 次的区别 ·········· 097

3 开心不开心都想吃东西，你需要警惕自己的
  暴饮暴食了 ··· 101

4 熬夜快感的背后，是你在报复白天偷的懒 ········· 104

5 为了出名不惜抹黑自己的人是什么心理 ··········· 108

6 远离不良诱惑，不要去考验自己的定力 ··········· 111

7 情绪低落时会使人屈服于诱惑 ··················· 114

8 沉浸在一份具有挑战性的工作中，能取代感官刺激 … 118

9 不要在意志力快消耗完的时候做决定 …………… 121

第五章 谋取权力的欲望，让你遗忘了初心

1 人为什么有玩弄权力的欲望 ………………… 126

2 越是有点儿小权力的人，越是喜欢折腾人 ………… 129

3 越是站在权力边缘的人，对权力越渴望 ………… 132

4 权力一旦"任性"起来，就会带来灾难 ………… 135

5 一个人的权力无限大，欲望也可能也会随之增加 … 139

6 身处高位时，学会合理放权 ………………… 142

7 面对权力，时刻保持敬畏之心 ……………… 145

第六章 一夜暴富的欲望，让你迷失了本心

1 为什么很多人都有一个暴富梦 ……………… 150

2 中了彩票大奖，幸福感可以持续多久 ………… 152

3 金钱能够体现你的人生价值吗 ……………… 156

4 别在"享乐跑步机"上疲于奔命 ……………… 159

5 你的问题是有挣1亿元的欲望，却只有1天的耐心 … 162

6 一夜暴富是幻想，脚踏实地才是真理 ………… 165

7 在金钱诱惑中守住底线的人，运气都不会差 …… 169

第七章 处处争强好胜的欲望，让你变得虚荣扭曲

1 "追求比别人幸福"会让你变得更不幸 ………… 174

2 在朋友圈里秀努力，只会让你离优秀越来越远 …… 177

3 为什么有些人喜欢用豪车和奢侈品来炫耀 ……… 180

4 不争一时之长短，大收获都需要时间来等待 …… 183

5　你无须和别人比较，只需和过去的自己比较⋯⋯⋯ 187

6　输不起的人，往往也赢不了⋯⋯⋯⋯⋯⋯⋯⋯⋯ 190

7　不做无谓的争辩，这会拉低你的层次⋯⋯⋯⋯⋯⋯ 193

8　越是没本事的人，越爱面子⋯⋯⋯⋯⋯⋯⋯⋯⋯⋯ 197

第八章　**执着于占有的欲望，让你变得患得患失**

1　控制欲太强的人，究竟有多可怕⋯⋯⋯⋯⋯⋯⋯⋯ 202

2　你那不是爱，是占有欲在作怪⋯⋯⋯⋯⋯⋯⋯⋯⋯ 205

3　"我是为你好"的背后，其实是"你要听我的话"⋯ 209

4　对"绝对控制权"的渴望源自恐惧⋯⋯⋯⋯⋯⋯⋯ 212

5　别拿爱囤东西不当回事儿，你有可能是得病了⋯⋯ 216

6　"控制狂"是在用处理别人的问题来回避自己的

　　问题⋯⋯⋯⋯⋯⋯⋯⋯⋯⋯⋯⋯⋯⋯⋯⋯⋯⋯⋯⋯ 220

7　怎么拯救你，我的控制欲⋯⋯⋯⋯⋯⋯⋯⋯⋯⋯⋯ 223

8　面对控制与占有欲望过强的人，守住自己的界限⋯ 227

第九章　**保持适度的欲望，让我们体会到快乐**

1　战胜欲望的第一步是走出负罪感⋯⋯⋯⋯⋯⋯⋯⋯ 232

2　懂得取舍，鱼和熊掌不可兼得⋯⋯⋯⋯⋯⋯⋯⋯⋯ 235

3　降低欲望值，增强幸福感⋯⋯⋯⋯⋯⋯⋯⋯⋯⋯⋯ 238

4　学会做减法，才能享受到人生的真正乐趣⋯⋯⋯⋯ 241

5　保持适度的饥饿感，让你做事更高效⋯⋯⋯⋯⋯⋯ 244

6　弄清楚你到底想要什么，追求真正的快乐⋯⋯⋯⋯ 247

7　追求预期目标失败时，不妨来点儿"甜柠檬"⋯⋯ 251

8　抛下唾手可得的名利，去追逐内心真正的热爱⋯⋯ 254

9　你以为的"佛系"生活，只不过是不思进取⋯⋯⋯ 256

第一章　求而不得的欲望，是一切痛苦之源

1
欲望不可怕，可怕的是"太想得到"

热播剧《北京女子图鉴》中的女主角陈可一直在思考着一个问题："女孩儿有欲望是一件坏事吗？"直到有一天，上司顾总的一句话打消了她的顾虑："等你找到与你有相同欲望的人，你就会明白有欲望不可怕。"的确，欲望本身不是一件坏事。但若心中出人头地的欲望过于强烈，并任由欲望的驱使，不择手段地争名夺利，事情便会变得可怕起来。

尤其是那些求而不得的欲望，你越是不愿意放下，便越容易受到它的折磨。当你脑海中只剩下欲望时，你的理智会被吞没，灵魂会被撕裂，你整个人都会变得丑陋不堪。

心理学家分析说，人人都有欲望，但人心中的欲望却有高级与低级之分。高级的欲望是一种信念，亦是一种生命的驱动力。它像一根救命稻草，又如悬挂在深沉夜幕中的明星，给予人永不放弃的信心和力量。而这种信念更有助于激发我们对生活、对未知的好奇心及热爱之情，促使我们在成长的不同阶段树立不同的目标以实现自我的价值感。

陈可就是一个欲望很强的人。她渴望拥有名牌包包，渴望自由体面地生活在一线城市……正是这些欲望促使着她努力工作，努力去抓住一个个难得的机遇，步步踩稳、步步高升，最终成长为一个雷厉风行、驰骋职场的女精英。

如果当初的她心中毫无欲望，事事安于现状，不断自我安慰、自我满足，那么她就永远只能扮演一个无足轻重的小人物的角色，浑浑噩噩地度过自己的一生。

然而，低级的欲望却是被种在心房的执念。随着时间的浇灌，它慢慢长出黑暗腐臭的藤蔓。想要拔除这根"执着"的藤蔓是一件无比困难的事情，你势必会痛苦到崩溃。

因为太想得到，你逐渐忽略了实现欲望的手段，妄图通过捷径去一步登天。同样是在《北京女子图鉴》中，因为太想实现职场升迁，陈可的同事姚梅接受了上司的"潜规则"；因为太想得到优渥的物质生活，陈可的朋友王佳佳嫁给了比自己大30岁的老头。然而，这些盲目的选择最终令她们走上了一条更为坎坷波折的道路，最终与幸福失之交臂。

当单纯清澈的信念变成复杂浑浊的执念时，人的灵魂就会慢慢变质。而"求而不得"之所以让你痛苦煎熬，在于你的认知存在缺陷。你以为你看到的别人的光鲜生活都是靠走捷径或成天好逸恶劳得来的，却不知"所有的收获都要付出相应的代价"。

电影《霸王别姬》里有这样的情节：戏班师傅对小豆子等一众徒弟十分严格，只为了敦促他们苦练以成为梨园名角。有一天，小豆子偷偷溜出戏园，跑去看名角唱戏。台上的表演赢得一片掌声，小豆子不由泪流满面道："他们怎么成的角儿啊，得挨多少打啊。"这是因为小豆子有着理智而完整的认知：想要实现扬名立万的欲望，就要挨打、要受苦。

如果你能修正自己的认知，认识到所有的成就都要靠艰辛付出才能获得，那么实现欲望的过程再苦你都会甘之如饴，哪怕暂时无法过上想要的生活，你心中的火苗亦不会熄灭。

可是，对于那些行动力太强的人来说，当内心的欲望极度膨胀时，他们只会急不可耐地朝着心中的目的地狂奔而去。这时候，"太想得到"便变成了一件无比可怕的事。

正因为太想得到，他们眼前仿佛出现了一片迷雾，再也看不到正义和私欲的区别。一旦受到阻拦，他们便会不惜违背自然规律、违背法律铤而走险，就此误入歧途。

电影《暴雪将至》的男主角老余是一家面临改制的国营钢铁厂的保卫干事，他生平最得意于自己的破案能力。他最希望自己能做出一番成就，被上调为编制内的警察。而连连发生的几起凶杀案令他的欲望膨胀到了极点，他迫切地想要抓住这个机会。

老余抛开厂里制度的约束，全身心地投入破案中。为了获得更多的线索，他厚着脸皮讨好老刑警。女孩燕子对老余怀有好感，老余却将燕子作为诱饵，想要利用她捕获凶手。这仿佛是一条没有尽头的路，随着内心执念越深，他便越来越无法回头。

老余的结局令人唏嘘，因为太执着于破案，他被开除下岗。他只顾追查逃犯，却来不及救身受重伤的徒弟，最后徒弟无辜惨死。燕子察觉到老余接近自己的真实意图后，绝望地从天桥上一跃而下。随着灾难接踵而至，老余这才发现，自己所有关于"声名与成就"的梦想都破碎了。他无法接受这一切，直接将愤怒发泄到了嫌疑人身上，最后残忍地杀害了他。

巴尔扎克曾这样写道："一个人要失败之后，方能发觉他欲望的强烈。"那些无法被满足的欲望，可能会害了你的一生。当然，欲望本身不可怕。只要你牢记这两句话：选择运用怎样的手段去实现自己的欲望，决定着你的前途；如何对待自己的欲望，决定着你最终的人生走向。

2
越是被禁止，越会想方设法去索取

曾有一个心理学家做了这样一个实验，实验对象是一群5岁左右的孩童，他们被分为A、B两个观察小组。心理学家分别在A、B实验室的桌子上放上5个倒置的玻璃杯，离开A实验室时，心理学家告诉小朋友不要动桌上的玻璃杯，因为里面装有东西。离开B实验室时，他却什么也没说。布置完一切后，他再通过摄像头观察孩子们的反应。

结果显示，A实验室的孩子对倒扣在桌子上的玻璃杯表现出极大的兴趣，并纷纷上前挪开玻璃杯，想要看杯子底下究竟装着什么。而B实验室的孩子却对玻璃杯没什么兴趣。

生活中，你会观察到这样一个现象：越是不让知道的事情，人们越想知道；越是被禁止的东西，人们越是想靠近并拼命地索取；越是得不到的东西，人们就越想要。

这便是心理学上所说的"禁果效应"，正如那则希腊神话：万神之首宙斯将一个魔盒托付给潘多拉。宙斯提醒她千万不要打开这个魔盒。可是潘多拉将宙斯的告诫抛到脑后，她偷偷打开魔盒，结果装在盒子里的所有罪恶都跑向了人间。

"得不到的永远在骚动"，人类的欲望越是受到牵制、压抑，反而越是高涨。比如，那些无法轻易得到的东西，更能强化我们"一探究竟"的渴望与需求，并一再激起我们的占有欲。

对于日常生活中那些随处可见的事情，我们早已见怪不怪，它们无法引起我们的好奇心和探索欲。唯有那些无法知晓的"神秘"事物或者被禁止的东西，对我们有着深深的吸引力。越是被禁止接近，我们越是会千方百计地通过各种渠道获得或尝试它。

"禁果效应"与两种心理息息相关。一种是好奇心理，一种是逆反心理。其实，无论是好奇还是逆反都是人类的天性。对自己不熟悉的事物，人们天生想要了解和靠近；面对条条框框的束缚，人们总想要脱身而出，无所顾忌地追求自由。

苏联心理学家普拉图诺夫在其著作《趣味心理学》的前言中特意提示读者请勿先阅读第八章第五节。这一提示反而激起了读者们的探究欲望，并采取了与作者告诫相反的态度。

读者们大多怀有这样的心理过程：为什么不被允许先翻阅第八章第五节？这里藏着怎样的秘密？如果好奇心得不到满足，人们就会产生逆反心理，即亲自去一尝"禁果"。

人们的这种心态其实也反映了心理学上的另一个概念："短缺效应"。一部电影中有这样一个情节：女主角和朋友一起逛街，她看中了一条裙子，摸了摸材质，试了试大小、款型，一切都很满意，可瞥到价格牌上的数字时，她犹豫了。导购立马说道："您真的很有眼光，这条裙子是我们店里刚上的新款，销量很好，这是最后一条哦！"

女主角听到这句话，咬咬牙，还是买下了这条裙子。她的心理活动可能是："这可是最后一条了，如果现在不买的话，就永远也买不到了。而如果再要得到它，我可能要花费比现在高很多的成本。"然而，花光工资买下这条裙子后，她却没了钱交房租。

我们潜意识里总是认为：越难得到某样东西，这个东西价值越高。又由于太过于害怕"失去"，我们内心的欲望之火会越烧越浓烈。欲望因此变成了一口深井，禁锢住你的身心。它越是无法被满足，越是让你泥足深陷、欲罢不能，你就此沦落为欲望的奴隶。

面对求而不得的欲望，最好的办法是坦诚。告诉自己"我真的很想拥有，可是现实证明就算尝试一百次也实现不了"，而不是"禁止自己胡思乱想"。

只因，你越是禁止自己靠近，越会害怕失去，越会不由自主地去攫取，不择手段地去占有。想要跳出欲望的陷阱，就不要隐藏、不要逃避，而要冷静、理智地看透自我人性中的缺点，将内心的欲望通通晒在阳光下。这会让你掌握主导权，一改被动承受"禁果效应""短缺效应"影响的局面，让你浮躁的内心平静下来，让澎湃的欲望逐渐冷却。慢慢地，你会看到现实与理想之间的距离，了解到先前被欲望绑架的自己究竟有多可悲、可笑。

淡化内心欲念的同时，面对他人的反对与禁止，我们应尽量转移注意力，不必耿耿于怀念念不忘。花更多时间和精力去聚焦于自己的内心，观察自我内心世界的"一草一木"。

面对他人"数量有限"的通知，你该明白，对方真正的目的是挑起你的欲望，提高你所想要得到的东西的价值，看穿这一"套路"，你便很难被欲望所绑架。

欲望越是打压，就越是高涨。就像你越是翻来覆去地想睡着，就越是睡不着；你越是想彻底忘记一个人，对方的身影越是深深地刻印在你心里。这时候，不妨用另一种心态去面对欲望，尽量放松心情。而你的心态越是轻松自然，便越不容易受到欲望的影响。

3
欲望得不到满足的人，容易产生幻想

电影《爱乐之城》中有这样一幕：堵得水泄不通的立交桥上突然响起音乐，女主角打开车门，自如地穿梭在人群中，一边放声歌唱，一边欢快地舞蹈。她烦躁的心情一扫而空，面上洋溢着甜蜜的笑容。可歌舞一结束，观众才发现导演刚刚是玩了把黑色幽默。那些欢快的歌舞都源自女主角的幻想，幻想被戳破后，一切恢复如常，现实还是令人沮丧。

人们在某种欲望得不到满足时，很容易沉浸在空想中。精神分析学大师弗洛伊德将这种空想命名为"白日梦"。在他看来，现实生活中，越是对某种欲望求而不得的人，越倾向于通过一系列想象在心理上"实现"它，这是为了在虚无中寻求心理平衡。

在阐述这一概念时，弗洛伊德着重强调了一个关键性词语：逃避。他解释说，那些过分沉湎于空想的人，一定是一个有很强的逃避倾向的人。

曾有一位来自马萨诸塞州的年轻人拜访爱默生，年轻人说自己打小热爱诗歌，从7岁起便开始诗歌创作，但他一直苦恼于得不到名师指点。后来，他听说了爱默生的大名，便不远千里地赶来拜访他。爱默生见年轻人谈吐优雅，彬彬有礼，对他印象很好。读了年轻人奉上的诗作后，爱默生赞赏不已。他认定年轻人很有天赋，决定大力提携对方。

爱默生将年轻人的诗稿寄到报社发表，但反响不大。爱默生一直写信给年轻人，鼓励他不要放弃。不知从何时开始，年轻人写给爱默生的信越来越长。信中，年轻人开始以著名诗人自居，字里行间态度傲慢。爱默生觉得很不对劲。秋天到了，爱默生邀请年轻人参加一场文学聚会。聚会中，年轻人逢人便说自己已经写成了一部伟大的作品。

爱默生在一旁默默观察着他。后来，冬天到了，年轻人写

给爱默生的信里再也没提过他的那部"伟大作品"。直到有一天,年轻人在信中承认,自己长时间以来一直沉浸在空想里,什么也没写,所谓的伟大作品都是子虚乌有之事,只因他太渴望扬名立万了。

简书上,一位作家说,所谓的白日梦是一个人的狂欢。他用想象为自己架构起了一个逃避现实的安乐窝,他和心爱的人依偎在那里,不必花费太多力气,就能轻松实现一切浪漫的理想。可惜的是,他不能一直沉浸在这种幻想里,生存的压力会不时将他生拉硬拽出那个美妙的乌托邦世界,仿佛睡在美梦中的人被现实的巴掌残酷地拍醒……

也许你曾为了排遣现实生活中的郁闷、不满、绝望等悲观情绪,一头扎进虚幻的世界中,用一种逃避的心态来面对生活,并将身边让你倍感压力的人与事抛到脑后。可这样的你,仿佛在吸食"精神鸦片",不但无法赢得想要的未来,还会摧毁来之不易的现在。

幻想所能带来的只是一时的欢愉。那些拥有很强执念而心灵却又很脆弱的人,总会给人留下不真诚、不靠谱、满嘴谎话的印象。也许,他们并不是有意在说谎,当他们抱着异想天开的欲望时,便很容易将现实与幻想弄混淆,然后在无意识中说出一些谎言。

正如欲望有好有坏,幻想也是如此。适当的、正面的幻想让人富有激情和创造力,甚至为人们的成功做下铺垫。西班牙超现实主义画家达利一辈子都沉浸在空想中,他满脑子怪诞、与现实生活格格不入的奇思妙想，但这样的人最终却成为一代艺术大师。

这是为什么？达利的同学、超现实主义电影导演路易斯·布努埃尔在自传中写道，年轻时他和达利同住一幢学生公寓，让他印象最深的是达利的勤奋。他回忆说，达利绘画时，像极了一位埋头苦干的工人。那时候，达利单独住一间房子。绘画时，他会打开房门，过路的学生站在门边对他的画作指指点点，他却充耳不闻，一心沉浸在创作中。

达利以天才自居，总表现得很傲慢，而且总是幻想自己某一天会功成名就。布努埃尔却并不认为达利狂妄而不切实际。在布努埃尔看来，达利的勤奋足以支撑他将幻想变成现实。

果然，达利最终获得了辉煌的成就。他之所以能成功，就在于他将欲望和空想转化为丰沛的想象力、创造力和行动力。靠着日复一日的耕耘与努力，他终于成就了自己。

若达利也像那位拜访爱默生的年轻人一样，陶醉在自己的天赋和才华之中，整天想入非非，却不付出切实的行动，便只能眼睁睁瞧着自己坠入虚空，一辈子庸碌无为。

空想过了头，可能会产生自闭倾向，甚至让人失去理智，从此变得疯疯癫癫。电影《花开花落》中，贫寒的画家萨贺芬一直梦想着能开一场画展。得到著名画商的赏识后，她始终沉浸在名扬天下的幻想中。谁料幻想最终落了空，她承受不住这个结果，最终发了疯。

古人说"千里之行始于足下"，没有辛勤的耕耘，不可能迎来辉煌的成功。哪怕你是一个富有才华的人，一旦深入空想的泥潭中难以自拔，你的才华注定会消失殆尽。

正如爱默生所言："当一个人年轻时，谁没有空想过？谁没有幻想过？想入非非是青春的标志。但是，我的青年朋友们，请记住，人总归是要长大的。天地如此广阔，世界如此美好，等待你们的不仅仅是需要一对幻想的翅膀，更需要一双踏踏实实的脚！"

4
越是怀念过去的人，对现状越不满意

知乎上有人问道："为什么对未来毫无期待，却喜欢怀念过去？"

有人回答说："因为未来变数太大，再怎么期待也可能会是一场空……而过去的事情是已经发生过的、不会再改变了的。如果你对现状并不满意，对现在越失望就越会怀念过去，过去的事情就像远处触碰不到的蛋糕一样，怎么看都觉得可口。"

很多心理治疗师都会遇到患有"怀旧症"的病人。心理学家解释说，当人们在现实生活中的欲望无法得到满足时，很容易将炙热的情感寄托于过往的回忆中。

所以，那些动不动就缅怀过往的人，可能是因为他对目前的境遇很不满意。可这种怀念，只会让负面情绪积压，导致陷入恶性循环。一旦情绪"决堤"，后果更不堪设想。

电影《一念无明》中，阿东的母亲长年患病，生活无法自理。她终日蜷缩在那间阴暗的房子里，喋喋不休地提起自己过往美好的回忆：富裕的家庭，爸爸妈妈对自己的疼爱。可每当从回忆中醒过来时，她却失望地发现如今的自己过得有多糟糕、狼狈。

原来，年轻时候的她嫁来香港，原本渴望过上更幸福、富足的生活。当梦想逐一破灭后，她越是怀念过去，越觉得现在的自己过得真的很不幸。不满的情绪越积越深，她也变得越来越歇斯底里。阿东在这种环境中长大，母亲终日的抱怨、指责及反复无常的情绪让他也变得敏感、暴躁，最后甚至患上了躁郁症。一家人也因此变得越来越不幸……

心理学家分析说，怀念过往的人，通常会有以下几种表现：

后悔于当初的某项决定，内心藏着遗憾、不满。生活中，也许你曾听到身边的朋友不停地感慨，或者你自己也曾发出过类似的抱怨："要是刚毕业时选择考公务员就好了……""当初要是选了 IT 专业就好了……""要是选择去大城市就好了……"

守着某些"陋习"不放，希望目前的生活变得和以前一样。比如，生活中很多女孩结婚后遭遇变故，明明生活拮据还是保持着婚前大手大脚的消费习惯，不愿意正视现实。

认为自己不够好，甚至认为自己不可救药。当我们活在过去时，潜意识里会认为现在的自己很糟糕，然后抗拒学习新东西，认为自己不可能会取得进步。

人的欲望越多，心理上的痛苦就越多。而现实的不幸，会让一部分人无比怀念过去的美好。而真正为此付出过代价的人却深刻地认识到，沉湎于过去只会让我们失去更多。

你要明白，如果你不去真正改变自己，一开始你没有把握住的那些机会，哪怕再次落到你头上，你也未必能驾驭得了。一开始你没有做的事情，现在也未必会去做。

与其感慨过去，不如好好经营现在，只因你永远也不可能回到昨天。你所拥有的只有现在，你所能改变的也只有现在，沉浸在过往的回忆中无异于钻进了牛角尖。

居里夫人曾邀请一位朋友共进晚餐。朋友赶到居里夫人家中时，发现居里夫人的小女儿正在抓着一枚奖章玩耍。朋友定睛细看，才发现小女孩抓在手中的是英国皇家学会发给居里夫人的奖章。朋友吃惊极了，不由得问道："玛丽，所有的科学家都会为得到这样一枚奖章而自豪，这可是一种至高无上的荣耀，你怎能随随便便地丢给孩子玩呢？"

居里夫人笑着解释说："因为我想让孩子明白一个道理，无论取得多大的荣耀，它终归会过去。如果永远守着过去的荣耀，沉浸在那种欢愉中无法自拔，就再也没办法取得新的成就。"靠着这样的心态，居里夫人后来果然成为两届诺贝尔奖得主。

如果你现在过得很不如意，却对过往的幸福念念不忘，就一定要想方设法让当下的自己变得充实、忙碌起来，让自己没有时间和精力去回想过去。唯有踏踏实实地办好当下的每一件事，将每一个难题处理得利索、干净，你才能迎来久违的幸福感。

或者，你可以去接触新的事物、交新朋友、学习新东西，以此来激发自己的自信心。在此过程中，你要给自己更多的心理暗示："我很好，我目前所拥有的是很多人都羡慕的……"

每次不由自主回忆起过往的美好时光的时候，一定要控制时间。比如，告诉自己："我只允许自己怀念 3 分钟，之后就要开始行动了。"学会用过往的美好去激励自己。

你要明白，人生是一个动态的发展过程。无论以前的你有多优秀，过得有多快乐，却不能代表现在和未来。你必须以积极的心态去面对生活，找到当下的目标。

减少回忆过去的时间和频率，你的幸福指数才会持续地攀升。如果你一味沉浸在过往回忆中，过得糊里糊涂，颓废抑郁，未来的你在回想起今天的自己时就会只剩下痛苦。加油把握好现在，将那些求而不得的痛苦消融在努力中，未来的你依旧会为现在的自己感到自豪。

5

求而不得，会让你变得偏激和固执

热播剧《都挺好》中，二哥苏明成在妻子面前脾气很好，百依百顺，可一旦见到妹妹苏明玉就会变得无比偏激、固执，怎么看她怎么不顺眼。有网友评论说，这是因为苏明成自小瞧不起的妹妹得到了他最渴望得到的一切，包括风光的事业、优渥的生活条件等。

苏明玉的成功凸显出苏明成的失败，也让后者的欲望越来越炙热。一旦欲望得不到满足而又无处发泄时，苏明成便显得攻击性十足。他是在用这种方式来掩饰自己的自卑。

之后的剧情证明了这一点。当苏明成投资失败，名利双收的梦想化为泡影时，他的性格发生了极大的变化，连最爱的妻子的话他也听不进去，甚至在暴怒的状态下动手打了妻子一耳光。当他暴露出性格中最阴暗的那一面后，妻子也心灰意懒地离开了他。

我们并非活在真空状态里，每个人心里都有各种各样的欲望，但是这些欲望不可能一一得到满足。一开始，我们所经历的伤害还很小，尚不能构成动摇心理的因素。可一旦不满的情绪积累到了顶点，很多人的心理就会变得扭曲，行为和态度也会发生各种变化。

比如，整个人仿佛钻进了牛角尖，经常发表一些偏激言论；听不进别人善意的劝导，对周围的人和事表现得敌意十足；短期内，生活和工作上都会出现明显的倒退现象……总结起来，主要分为三方面：认识上的片面性；情绪上的冲动性；行为上的莽撞性。

有些心理学家认为，这其实是部分人在遭遇挫折和打击后的一种应激反应。在成长过程中，这一类人本身性格并未得到很好的完善，有着各种各样的缺点，当他们遭遇不顺，并一味沉浸在绝望情绪中时，性格中偏激、固执的一面就会被无限放大。

听说过这样一句话："一个人的固执里，藏着低水平的认知。"过分固执与偏激的人很难获得好人缘，发展也不会很顺利。他们往往会抗拒接受外界信息，异常敏感，异常自尊，并拒绝反省，拒绝倾听。这使得他们的成长速度急速下降，个人竞争力也急速流失。

心理学家分析说，一旦人性中偏激固执的一面被"开发"，就很难摆脱这种心理状态，生活状态也会越发糟糕，这与他们过于强烈的"心瘾"息息相关。所谓的心瘾，指的是欲望时常得不到满足的状态下，不自觉演变而成的一种坏习惯，或者一种负面思维方式。

而心瘾还会时不时地勾起欲望，让人时刻处于一种欲求不满的痛苦中。就在这样的双重压迫中，一些意志力薄弱的人可能会一条路走到黑，逐渐发展成偏执型人格。

前两年，一则新闻在网上传得沸沸扬扬。沈阳的一个男生因女友提出分手，十分失望不满。他听不进去女孩的任何话，强行霸占女孩的房子，对她纠缠不休。

为了逼迫女孩和自己见面，他拿女孩养的宠物猫来威胁她。女孩向他承诺，中午过去见他。该男子却不同意，逼迫她十点就要到。女孩因为太过害怕，未赴约，该男子竟然用水果刀将宠物猫残忍地杀害，还拍下视频发给女孩。完全不敢想象，如果女孩听了男子的话如期赴约会有怎样的后果。

2013 年，一位央视实习女主播因和男友张某发生感情纠纷，被张某连砍 7 刀，不治身亡；

2017 年，杭州一对情侣闹分手，男生一气之下将女孩杀死；

2018 年，浙江一位 22 岁女孩陈某被前男友吴某当众刺杀而不幸身亡；

......

求而不得，竟会激发出一些人骨子里的"魔性"，让他们撕扯下面具，化身为冷血的魔鬼，做出害人害己的行为。遇到了这样的偏执狂，请第一时间远离。

如果你也正遭受求而不得的痛苦，请审视自己的行为：是否变得愤世嫉俗，终日抱怨个不停？是否太过于敏感自私，听不进去别人善意的劝告？是否太过于嫉妒别人的好，而对自己的不好格外自卑？脑海里是否充斥着些阴暗的想法，认为人生无望？

为了不陷入偏执的怪圈，一错再错，你首先要做到坦诚地面对自己，承认自己言行上的不当之处。光是心理上承认还不够，最好在日记中或者手机备忘录上写下自己的诸多缺点，以及反思和感悟。比如过于主观、极端、目中无人、以己度人，等等。人际交往中，要经常提醒自己不要陷入"敌对心理"的旋涡中，并时时纠正自己的行为。

你要学会转移注意力，令欲望有一个发泄的出口。不去关注自己得不到的，多看看自己所拥有的，让自己心中、眼中处处充满阳光。将精力放在自己擅长的事情上，找到更多的成就感，耕耘得深了，你或许能在未来的某一天实现自己当初的梦想。

求而不得，是人生至苦。想要脱离这种痛苦，需先摆正自己的心态，平静地去迎接生命给予你的考验，通过自己的精神力量去调节心理感受，通过脚踏实地的努力去改变自身的生存状态，久而久之，你的心胸会变得越来越开阔。反之，则会变得越来越偏激固执。

6
特别强烈的愿望实现了，你也未必会快乐

电影《夏洛特烦恼》中，主人公夏洛从学生时代起便爱慕校花秋雅。在秋雅的结婚典礼上，夏洛打扮得光鲜亮丽，让小舅子开着玛莎拉蒂送他去婚礼现场，并豪气十足地献上大红包。这种种行为，都反映出了夏洛深藏于内心的愿望：功成名就，赢取校花走上人生巅峰。

一场意外让夏洛穿越回1997年，"未卜先知"的他成为了校园风云人物，之后更是成功进入演艺圈，成为炙手可热的巨星。名利双收的他顺利迎娶学生时代的梦中女神秋雅，过上了令无数人羡慕不已的豪华奢靡的生活。

可是，儿时的梦想一一实现了，夏洛却变得越来越不快乐。他怀念现实生活中的妻子马冬梅，怀念过往那种拮据却又简单明媚的日子。他沉浸在回忆中，过得郁闷不堪。

人心的浮躁，很多时候是由于欲望得不到满足。有的人梦想能获得巨额财富，有的人梦想能一夜成名，有的人梦想能获得无比幸福、圆满的爱情和婚姻。

我们总喜欢给自己加上无穷无尽的负荷，哪怕内心动乱不堪，也不肯轻易地放下。每逢有人问起，我们都会美其名曰"执着"。可等到年华老去，鬓白如霜，回想起这一路走来所经历的种种恐慌、不安、绝望的心境，只觉得灵魂深处溢满了空虚与遗憾。

著名心理学家李玫瑾曾提到，人在幼年时期很容易满足，轻易就能变得快乐。的确，孩子的快乐标准很低，他们不懂得要求更多的东西。可等到孩子长大成人后，一切都变了。

佛家中有"五欲六尘"的概念，五欲指"财、色、名、食、睡"这五种欲望，六尘指"色、声、香、味、触、法"六种境界。长大后的我们，往往逃离不了五欲六尘的束缚，随着想要的越来越多，我们获得快乐的渠道变得越来越复杂，并直接与权力、名利、财色挂钩。

实际上，靠外在条件获得的快乐，往往无比短暂。也许，你也有过这样的体验，特别强烈的欲望实现之后，你反而会感到一阵空虚，不再觉得它重要。从普通高中到重点大学，从小公司到大国企，从小助理到总监……你奋发进取，靠着自己的努力实现了人生的每一次追求。可等追求的东西到手之后，你却失望地发现，那并不是你生命中真正想要的东西。

欲望的实现确实能让你获得快乐，只是这种快乐就像走马观花，在你眼前倏忽滑过，却无法在你心里生根，带给你长长久久的满足感。就好像国产剧《北京女子图鉴》中，陈可最终实现了曾经心心念念的一切，大牌服装、奢华的包包、优越的生活，可蓦然回首，她突然意识到她所得到的都不重要，她最向往的始终是那种安稳简单的生活。

可惜的是，生活中能冲破执念束缚的人寥寥无几。欲望紧紧缠绕着我们，禁锢着我们的心灵自由，磨损了我们的想象力、创造力，让我们变得蝇营狗苟、面目全非。

2015年，国学大师文怀沙老先生的夫人离开了世间。文怀沙老先生给夫人写了一副挽联，上联为"人人走向必然，这儿就是必然，谁个例外"。有人将这幅上联发给达照法师，想要请他写一幅下联。达照法师这样写道："事事都需放下，哪日不曾放下，何必今朝。"

古人有云："无欲则刚。"过剩的欲望会将人拖入痛苦的泥潭，放下欲望，好比放下心灵的负担。很多人为了满足自己的欲望，不惜付出诸多代价，可真的到了愿望实现的那一天，才痛苦地发现他所渴盼的财富、名与利并不是自己真正需要的。

可见，拼死拼活地争名夺利并不一定能获得快乐。实现快乐的方式有很多，美国的舒勒博士曾在其著作《快乐的态度》中找到了获得快乐与满足感的秘诀，总结如下：

1. 承认自己的弱点，乐于接受他人的建议、帮助和忠告。

2. 不为一时的挫折伤心苦恼，而是积极地总结经验，吸取教训。

3. 日常生活中保持诚实，富有正义感。

4. 无论身处顺境或逆境，都秉持一颗淡然的心，胜不骄败不馁。

5. 发自真心地帮助别人，同身边的人保持融洽的关系。

6. 哪怕受到不公平待遇，也要抱着一颗同理之心看待世人，富有同情心。

7. 无论做任何事，都要坚守个人的信念。

8. 保持开朗的心境和乐观积极的态度。

有心理学家用脑神经原理来"诠释"快乐："一个真正快乐的人，能从一些很小的事情中合成'多巴胺'，他们永远活在当下，努力让自己每一天都过得充实。"

英国脑科学家则认为，那些只有在得到什么东西或实现了外在欲望之后才能感到快乐的人，他们生命的形式一定是在低层。由此可见，你完全可以掌控自己的快乐，而不必被欲望所绑架，活在患得患失的恐惧中。不妨放弃心中的执念，和自己和解。勇敢地卸下欲望的包袱，轻装上阵，重新出发，去追逐心灵的自由和真正的精神上的愉悦与满足。

7
专注于过程，而不是所谓的结果

那些因求而不得备受煎熬的人，往往过于专注欲望的"结果"，却对实现欲望的"过程"毫不关心。可是，如果我们能将注意力聚焦在在行动过程中，如我们心灵上有哪些成长、积累了哪些经验，而不是行动最终是否达到目标，便能脱离求而不得的痛苦。

经典美剧《绝命毒师》的主角布莱恩·克兰斯顿在自传中写道，在他职业生涯的早期，他终日忙忙碌碌。拍广告，客串主演，参加试镜……他奔波不停是因为他渴望能成为大明星，早日过上光鲜亮丽的生活。可在很长一段时间里，他不仅事业止步不前，心情也跌落谷底。

布莱恩·克兰斯顿的导师给予他一个宝贵的建议：专注于过程而不是结果。布莱恩·克兰斯顿深受启发，并告诉自己："我不是为了找一份工作，我是为了做一份工作，我是为了演好角色。如果我只是追求结果，就会让自己陷入期待，最终失败。我的工作是吸引观众眼球，所以要抓住机会，享受整个过程。"心态有了转变后，工作突然变得无比轻松自在起来。布莱恩·克兰斯顿无比享受创作过程中的每一分每一秒，而他的事业也因此柳暗花明、突飞猛进。

佛家里有"我执"一说，意思是人总是欲壑难填，执着于一个又一个所谓的圆满结果，而忽略了追求目标过程中，个体身心的转变与获得。心理学上有一个专属名词可解释这个现象："瓦伦达效应"。

瓦伦达来自一个专门走钢索的家族。

有一次他接受了一个挑战，要在两层高楼间穿行而过。很多人慕名前来观看，瓦伦达的得失心顿时达到顶点。谁料刚开始表演没几分钟，他便失足从钢索上掉了下来。

心理学家分析说，如果太在意结果，反而会受其所累。只因欲望是柄双刃剑。普通人双眼只盯着结果，于是轻易坠入求而不得的炼狱，于贪嗔痴的轮回中不得超脱。

而那些真正厉害的人，却能利用欲望推动自己上进。他们明白，赢的执念一旦形成，一般不会自动消失，只能设法疏导、调适。要知道，人都有欲望，却无人能够掌控欲望的结果。如果一心只关注结果，就永远无法摆脱求而不得的痛苦。

为了放下贪欲与执念，他们转而关注起整个行动过程，并尝试着去掌控这一过程中自己的态度与思维方式。哪怕求而不得，也只会遗憾自己未曾做得更好一点儿，而不会深陷负面情绪中无法自拔。就这样，在不知不觉中，他们都变成了更好的自己。

关注结果的人，在意的是成功后的风光与享乐。这种肤浅的欲望反而会阻碍我们的成长。唯有收起那些幻想，踏实走好脚下的路，享受自我点滴的进步与成长，才能迎来真正的荣耀。以运动员为例，成就他们的并不是那枚冠军戒指，而是平日的艰苦训练。

《波士顿环球报》曾跟踪报道了奥运滑雪运动员的一天。天刚蒙蒙亮，运动员们便准时起床。先雷打不动地做上几组伸展运动，再观看前一天的视频，分析自己的优缺点。

之后，他们便投入到复杂的滑雪训练中，直到午餐时间。训练过程虽然无比艰苦，但他们精神上却很享受，舍不得浪费一分一秒。吃过午饭后运动员们再按部就班地去上课、做调理，等等。忙忙碌碌中又迎来了晚餐时间。饭后他们还会再去大厅学习一个半小时。让人印象深刻的是，运动员们每天最多只能获得一小时的"自由时间"，但每个人都会自觉用它来完成课后作业。

这些运动员早在奥运会开始前就已经将自己锻造成世界上最好的"冠军"。要知道冠军只有一个，注定有大批运动员会落败。求而不得对于他们而言是人生必然要经历的一件事情，但绝大部分运动员对此都抱着开放、乐观的态度。他们享受过程，却看淡结果。

当你过分在意结果时，私欲、杂念只会如蓬勃的野草，在你脑海里疯长，导致你越是看重结果，越容易愿望落空。过剩的欲望只会带来求而不得的恶性循环。当你转变心态，完全沉浸在"求"的行动与过程中，努力磨炼技能，耐心研究技巧，却往往能得到意外收获。

如果你注意观察，你会发现生活中无法实现目标的人占据大多数。欲望得不到满足所产生的痛苦深深折磨着他们，将他们变得敏感、易怒、虚荣。或许，你也是其中一员。这是因为，我们都太执着于结果，而非努力磨炼技能、努力平和心境。

有的欲望可能会被实现，有的欲望却注定是美丽而又空虚的憧憬。著名企业家曾仕强曾笑言："人生是来享受过程，而不是来计较结果的。"不要将时间和精力浪费在我们无法控制的诸多欲望的结果上，好好享受让自己变得更好的过程。

8
逃离北上广就能过上自己想要的生活吗

北大才女刘媛媛曾写过一个小故事。故事的主角是她以前的同事，后者毕业于北京一所知名大学，能力出众。按照刘媛媛的预测，如果这个姑娘当年留在了北京，定能取得不错的发展。然而，当初的她在北京工作了一两年后，只觉得生活压力和工作压力越来越大，想要实现的目标通通遥遥无期。这令她内心产生一股逃离的冲动。

最后，姑娘听从父母的安排回了老家。回去后，她找到一份清闲、工资却少得可怜的工作。令她烦恼的是，她周围的同事、朋友一个个十分满足于目前安稳的日子，天天下班约她逛街打麻将。姑娘不愿意浪费时间，宁愿待在家里看书，学儿点东西。

她与周围的人越来越格格不入，内心痛苦不堪。大城市里繁忙的节奏和"人人自危"的氛围让她无比想念。终于有一天，她毅然辞去了工作，背起行李回到了北京。

当欲望搁浅、梦想破灭的时候，我们难免要承受很多压力。若现状糟糕的程度让你无法忍受，你便极其渴望来一次"出走"，彻底解决问题。美国学者梅琳达·戴维斯从1996年开始一项复杂的"欲望计划"，只为了弄清这个问题："现代人到底要的是什么？"

经过6年的认真研究，"欲望计划"小组有了一个重大的发现：最让现代人耿耿于怀的，是如何克服内心深处的混乱。这对逃避心理作出了进一步的解释。

所谓人生不如意事十之八九，正因现实不如意，人们才无比渴望逃避此时此刻的烦恼，去往别处寻求心灵的平静与圆满。前两年，"逃离北上广"的呼声甚嚣尘上，很多被大城市快节奏生活压得喘不过气来的年轻人脑海里都产生过一走了之的想法。还有很多人付出了行动：有的人毅然辞职去见识广阔的世界；有的人回到了小县城，想要潇洒度过余生。

然而，那些选择逃离的年轻人，真的逃出了以往的压抑与痛苦吗？答案是否定的。一部名为《平凡英雄》的短片戳中了很多人的心，它讲述了4个关于逃离的故事。

第一个故事中，男人被堵在了高速桥上。独白响起："这是我第11次想要逃离这座城市。怀揣着对大城市的憧憬而来，却越来越觉得自己渺小无力，带着失望和无奈想要离开……"

第二个故事中，女孩一脸麻木地挤在人群中。独白响起："这是我今年第7次想要离职，每天挤着超负荷的地铁和公交，怀抱着所谓的梦想苦苦挣扎……"

第三个故事中，男人叹息。独白响起："这是我第 26 次想解散公司，创业很难，坚持很苦。在车里哭完，笑着走进办公室……"

第四个故事中，女人呆愣愣地望着手机屏幕。独白响起："这是我第 33 次想要离婚，住着几十平方米的小出租屋，为了鸡毛蒜皮的小事冷战，忘了是第几个晚上失眠了……"

短片的最后，却提出了一个疑问：只要生活有点儿不顺心，我们就想逃离，仿佛换了生活环境就好了，离开了就能解决一切。但是，果真是换了就好了吗？

如果不改变我们对待生活的态度，什么都不会变好。很多逃离现实的年轻人，最终都在寻找"后悔药"。一意孤行辞职旅游的，花光了积蓄也无法治愈内心的不安全感；冲动地撤回老家县城的，最后却发现小地方的一切都与自己格格不入，简直度日如年。

其实，问题不在于生活在大城市或小城市，而在于年轻人内心逃避现实的念头像一颗毒瘤一般，始终蓬勃生长于他们的灵魂深处。这颗毒瘤消解了他们的韧性，阻碍了他们的勇气。只要遇到点儿不顺心的事情，他们内心第一反应就是逃离。可是越是逃避，越是焦虑心慌。如果你负面欲望太多，去哪儿都不能安心生活，哪怕逃到天边也无法得到解脱。

《马男波杰克》中，那个一直颓废度日、习惯逃避现实的陶德最终看清了事实，他说："你不能一直做一些烂事，然后自己后悔，好像后悔有用一样，你需要变好。"

要知道，认真生活的人，在哪儿都不会太差。知乎中有位网友描述了自己的故事，曾经在一线城市打拼的他，面临着常人难以想象的压力。不堪重负的他决定报考老家的公务员，回到小城市生活。母亲的一番劝说令他打消了这个想法，他突然想起，其实从毕业的那一天起，他就已经做好了为梦想全力以赴的准备。此时，又怎能半途而废？

于是，他选择留了下来，与困难和挫折死磕到底。十年后的他，早已在一线城市落户生根，还把母亲也接了过来。他无数次感谢当初那个不曾放弃的自己。

《平凡可贵》这部短片中，最后一句话是："生活不在别处，脚下即是前方。"这是个充满未知的时代，谁也不知道未来会发生什么。无论你选择过哪一种生活，唯一能做的就是赶走内心逃避的念头，活在当下，拼尽全力地为未来的自己积蓄力量。所谓此心安处是吾乡。只要你踏踏实实地去努力，若干年后，无论身处何地，无论结局如何，你都不会后悔。

9
你向往的田园生活解决不了"中年危机"

微博上的一则新闻曾引起热议，一位40岁的单身女人独身一人奋斗在"魔都"上海。她从事的是别人口中"最有前途的工作"，艰辛打拼只为了能遇到一份完美的爱情，攒够钱

之后环游世界。谁料十年过去了，这些梦想离她越来越遥远。后来，她辞去工作，搬去了风景优美的小山村，开始了一段田园生活。每日种田、做饭、赏花，过得惬意无忧。

有网友评论说："人到中年真想离开钢筋水泥的城市，回到小山村里，过简单的生活……"另一个网友却"怼"道："这是逃避现实，靠种地养活自己和一个亿的小目标有什么区别？"

几年前有个段子很火，说"车库是中年男人的大聚会"。人到中年，生活里充斥着一团又一团乱麻。年轻人可能会选择迫不及待地打开车门，迎接新的挑战。中年人却只想躲在车库里，摇一摇保温杯里的枸杞，幻想幻想田园生活，一个人待到天荒地老。

美国著名文化观察家弗吉尼娅·波斯特莱尔提出了这样的观点：人类的欲望远远不只是财富、权力、名誉、物质、爱或者性，欲望的表现多种多样，在不同的人身上有不同的表现。但都有着一个共同点：欲望大多是生活中没有的或者人本身所缺少的。

但并不是所有的欲望都能得以实现。求而不得的时候，人们内心往往会衍生出一种另类的欲望——逃避现实的拥挤与繁忙，去寻求另一种简单的生活。这种欲望带来很多商业上的发展，比如网络游戏等。人们在虚拟世界中寻求更多的心灵安慰。而大批的中年人却将目光转向了田园，这展现的是一种逃避现实的深层次需求。

人到中年，脸上的皱纹和那些烦心事一样多。人越来越显疲态，工作也毫无激情，可需要用钱的地方却急剧增加。家庭生活更是一地鸡毛，孩子叛逆不懂事，爱人冷漠缺乏耐心。上有老下有小的你，时不时感觉到一股人生幻灭感。这样的你，是遭遇了中年危机。

而田园生活的自在与清闲却是你很久未曾体验到的。日出而作，日入而息，这种踏实感和充实感让你迷恋不已。你幻想着和家人一起劳动，吃着自己亲手种植的蔬菜、水果，夜晚和爱人依偎在一起谈心……这种想象中的充满田园气息的生活让你感到无比幸福。

事实果真如此吗？你又怎知，逃离现实后带来的不会是另一种毁灭？它会让你越发抗拒现实生活，越来越没有耐心去处理好各种情感、关系，越来越没有勇气去接受事业上的挑战。所谓的中年危机衍生成了一场大灾难，渐渐吞噬了你。

如果你被逃避的念头驱使着，盲目地付出了行动，迟早也会后悔。毕竟幻想与现实是有差别的。豆瓣上一位网友呼吁大家在想清楚之前不要贸然抛下拥有的一切投入另一种生活。每逢逃离的欲望上涨，不妨问自己几个问题："你忍受得了寂寞吗？你离开得了餐厅外卖吗？你有从微小事物中获得快乐的能力吗？你从事过繁重的体力劳动吗？回到乡村，你以何为生？"

村上春树说："超过了一定年龄之后，所谓人生无非是一个不断丧失的过程，对你的人生很宝贵的东西，会一个接一个像梳子豁了齿一样从你手中滑落下去。"中年危机带来的烦恼与疼痛是切切实实存在的，可若因此掉入了情绪陷阱，只会让事情变得越来越糟糕。

《小欢喜》中，男主角方圆面临中年危机的做法值得所有人借鉴。方圆是个乐观积极的中年男人，他在原公司兢兢业业做了十几年，后为公司立下了大功。正当所有人都觉得他即将升职的时候，公司却无情地辞退了他。此时，方圆的儿子即将迎来人生中最为重要的一场考试——高考。妻子上班也很不顺利，种种不如意酝酿了越来越多的家庭矛盾。

压力接踵而至，方圆没有抱怨，没有逃避，他选择坚强面对。他积极地去找工作，虽然不断碰壁，依旧不放弃努力。为了贴补家用，方圆放下了政法系高才生的架子，做起了网约车司机。他勤勤恳恳地工作，想不到人生就此发生转变。开网约车时，他碰上了一位配音导演，并因此误打误撞地进入了配音行业，方家因此迎来新转机……

面临重重危机时，你会选择遵从内心逃避的欲望，还是挺起脊梁，主动去掌控生活？要知道田园生活解决不了你的危机，也填补不了你内心的空虚与荒芜。田园生活不是综艺节目中刻画的"种种菜、吃吃饭、收割收割庄稼"，与你想象中的"采菊东篱下，悠然见南山"也相去甚远。哪怕你真的来到田园，你所面临的一切难题也依旧存在，始终需要你去面对。

作家冯唐曾在文章中感叹中年人所面临的压力，最后他写道："活在世上，什么都不要怕，做自己认为对的事儿！"在无数求而不得的欲望前，中年人应该将那句"我命由我不由天"记在心中，像年轻时候一样积极乐观、无所畏惧，如此才能迎来转机。

第二章　太着急变好的欲望，让你患上知识焦虑症

1

自卑不是因为你不好，而是因为你太着急变好

别人围在一起侃侃而谈，意气风发，你却僵硬地待立一旁，内心涌起一股自惭形秽感。别人在社交场合中大出风头，你却恨不得变成隐形人，羞于提及有关自己的一切。

你有没有想过，你为什么会这么自卑？知乎上有位网友这样解释道："当我剥开自己自卑的'外衣'后，才发现所有的所有，都指向一个欲望：变得更好。"

很多时候，我们自卑不是因为我们不好，而是因为我们太渴望、太着急变好。一旦现实与理想产生了冲突，或者说，你的欲望受了挫，你会变得畏缩沉默，再也不敢表现自己。

俞敏洪在一次演讲中笑言："曾经有这么一个男孩，在大学整整四年没有谈过一次恋爱，没有参加过一次学生会、班级的干部竞选活动。这个男孩是谁呢？他就是我。"

其实，年轻时候的他出人头地的欲望十分强烈，却受困于一颗自卑的心，他说"自己首先就将自己看扁了"。刚刚考进北大的时候，他太想让自己变得更优秀，于是疯狂地学习，拼命想要获得进步。谁料上到大二，他的学习成绩非但没有提升，反而降到全班倒数第五名。到了大三，他越来越郁闷、沉默，甚至因为太过于焦虑，而大病了一场。

多年后，俞敏洪回忆说："一个自卑的人，一定比一个狂妄的人还要更加糟糕。因为自卑，所以你就会害怕，你害怕失败，你害怕别人的眼光，你会觉得周围的人全是抱着讽刺打击侮辱你的眼神在看你，因此你不敢去做。所以你用一个本来不应该贬低自己的元素贬低自己，使你失去了勇气，这个世界上的所有的门，都被关上了。"

　　心理学家分析说，自卑的人并非没有欲望，相反，他们心里"想要变得更好"的欲望强烈到他们自己都无法承受的地步。于是，他们一再急功近利，谁料越是心急，梦想越容易受阻。这个过程中，浓重的阴云遮住了他们心头的阳光和眼里的光芒。

　　自卑的人首先会将自己想得太差，却又将目标定得过高，而且恨不得一夜间蜕变成一个光芒万丈的人。可当现实与理想相差过大的时候，每分每秒都变得如此煎熬恐慌。

　　太渴望变得更好，反而会让你失去自我。当你被过剩的欲望所捆绑的时候，你的勇气会被碾碎，你脑海中所有的奇思妙想都会被榨干，你的梦想也会变成脆弱的肥皂泡泡，一戳就破。何必太心急？渴望一夜间变好，不如一天天产生变化，不断向更好的自己靠近。

　　村上春树曾说："年轻人别着急，没事跑跑步吧！"20岁时候的他，活得无比艰难、自卑。那时候他债台高筑，每个月都需要去偿还银行的巨额贷款。

　　有一次，他怎么也凑不到足够的钱，差点儿无法渡过难关。

他太渴望像其他年轻人一样活得无忧无虑，太渴望变成更好的自己。可他知道，再着急，路也只能一步步走。

为了压抑内心纷杂的欲望和磨炼自己的耐性，村上春树开始了写作和长跑。他认真地构思着每一篇文章，笔耕不辍。写作间隙，他怀着热切的信念去奔跑，畅快地挥洒着汗水。他不再去想"变得更好"这件事，而是尽量让自己每一天都过得无比充实。

在网上看到这样一段话："你如果太着急，好事会变成坏事，对的会变成错的。你看太阳升起，不也是一点儿一点儿上升之后才光芒万丈的吗？"

变得更好的欲望能促使我们上进，可一旦太过心急，这欲望反而会将我们推入自卑的旋涡。从心理学的角度而言，想要脱离这样的状态，就一定要正视你的欲望，同时以坦诚的心去面对你的自卑。当你学会与它们和睦共处，才能让心态恢复平静。

同时，你要客观地去评价自己和别人，知道你们之间的差距，却不囿于这种差距。承认别人的优秀，但也不轻易否定自己，只有端正了心态，才会驱走自卑，迎来自信。

为了建立自信，你可以去做一些擅长的事情。有心理学家曾分析道，对于自卑的人来说，自我鼓励虽然能起到一定的效果，但并不能根治自卑，不妨去用真实的荣誉和成果来"喂养"自信。选择一条最适合自己的道路，那份与日俱增的成就感会激励你更好地坚持下去。

当然，最重要的是，放下焦虑的心态，让自己的脚步走得慢一点儿，稳一点儿，宁愿"螺旋式"地上升，也不要"拔苗助长"。记住，持续的积累和进步才能让你焕然一新。

如果你也正陷入自卑情绪中，是因为你渴望变成更好的人，这不是一件坏事。只是，一切都不要太过于心急。过度渴望，不择手段地去追逐，只会让你越来越狼狈。把时间当作朋友，慢慢去认识自己，脚踏实地地去提高自己，终点，就在前方向你招手。

2
所有的焦虑都是因为你想得过多，却不去行动

《欢乐颂》中，前期的邱莹莹每逢与朋友们聊天，纵然是开玩笑的语气，其间也藏着一股焦虑。她羡慕这个，嫉妒那个，总想让自己变得更好，更优秀，愿望却屡屡落空。

她担心自己继续待在上海也没什么前途，每天念叨着要去学会计，却从未看到她付出切实的行动。眼瞧着别人都在努力，她却借口自己能力不行。闲下来的时候，她宁愿八卦别人的私生活也不愿意提升一下自己。失恋了，她也从不反思而是把责任全部推给别人。

大城市里的年轻人，很多人都活得像邱莹莹一样，迫切地想要找到自己的舞台，从此越活越优秀，越活越精彩。欲望啃噬着他们的内心，焦虑也变成一个"黑洞"，他们越是挣扎

便越深陷其中。其实，绝大多数的焦虑都是因为我们想得太多，却做得太少。

一位心理学家曾接到某网友的私信求助："我最近焦虑得睡不着觉，目前的工资无法满足我的生活需求，我想要转行，想要挣高工资，却不知道何去何从……"

心理学家问网友是不是最近才开始焦虑，对方反驳说："当然不是，其实我从毕业开始便已经很焦虑，毕竟身边到处都是优秀的人，我原本想放弃这份看起来稳定但工资很少的工作去创业，但听说创业其实很难，立马打消了这个念头。我想要提升学历，一听要考那么多门，也吓到了，就没准备。我想进私企，但是英语实在不过关，也放弃了……"

心理学家最后分析说，这位网友的问题在于，他在衣食住行方面的欲望越来越高涨，脑海里各种想法也多，可他却把时间都花在了对前程的"思考"上，迟迟不去行动。于是，随着时间的流逝，他所渴望的一切离他越来越远，最后只剩下了焦虑。

欲望若不能促使我们上进，就会变成锋利的匕首，深深插在我们内心深处。于是，我们一边焦虑着什么时候工资才能涨、什么时候才能攒够首付的钱，一边躺在床上刷微信、逛淘宝、追网剧，就是不肯将时间用来多读一本书、多学一门专业技能。

我们一边焦虑地跟闺蜜们讨论着长胖了怎么办，皮肤变差了怎么办，被丈夫嫌弃了怎么办，一边酣畅淋漓地吃着火锅，就是不肯起身去健身房，享受挥汗如雨的快感。

一味幻想当然比切实付出行动要轻松简单得多。但焦虑只能让你的人生越过越糟糕，除此之外，它改变不了任何事情。想要的太多而行动太少，是你最大的问题。因此，想要减缓焦虑，就要平衡"想要"和"行动"，努力打造稳固的地基去承接心中的欲望。

那些让你感到无比焦虑的事，一旦真正地付出行动，你的焦虑慢慢就会减缓很多。拿邱莹莹来说，当她真正振作起来后，她焦虑的情绪一扫而空，人生突然变得顺利起来。

她去一家咖啡店里上班，每日兢兢业业、无比认真。为了推销咖啡，她会在路边站一天，饿急了，便坐在路边啃面包。正因她平日工作过程中十分注意观察，才想出了一个好点子：开拓网络渠道，开一个网店卖公司的咖啡。若搁以前，她只会想想，却懒得付出行动。现在她却撸起袖子说干就干，第一时间找到直接上司店长进行沟通。

谁料店长兴趣寥寥，根本不在意她的想法。邱莹莹很不甘心，干脆大着胆子闯到了大 boss（老板）面前，将这个 idea（想法）告知了对方，令人欣喜的是，大 boss（老板）很快便同意了她的想法。之后，邱莹莹靠着努力，一步步开起了网店，事业越来越好……

有人说："正确的选择，往往不是思考的结果，而恰恰是行动的犒赏。"现实却是，我们一边期盼着未来拥有更光鲜亮丽的生活，事业上有更好的发展，一边沉溺于眼前的欢愉与舒适，同时喋喋不休地将梦想挂在嘴上，行动上却始终原地踏步。

你所有的迷茫、焦虑、不满，都是因为你渴望拥有的太多，愿意付出的却太少。与其想一千次一万次，还不如行动一次。你要做的是将那些你所渴望的所谓的"更好的生活""更优秀的自己"变得更立体具象，同时将那些让你感到焦虑的事情列在一张清单上，逐一去攻克，慢慢去努力。同时，有条不紊地规划好你的时间，不要被骨子里的懒散所打败。尽量减少无效社交与无聊肤浅的娱乐，并将时间和精力都花来提升自己。

另外，应放弃在朋友圈立志，放下种种的抱怨，从身边的一点一滴做起，专注眼下的每一件事。当你真正展开行动后，你会发现内心的焦虑一扫而空，你想要的一切都在慢慢靠近你。

3
你知识焦虑了吗

清晨6点，打开手机里的 FM 软件，戴上耳机，一边听，一边脚步匆匆地赶往地铁站；7点半，在地铁里被挤得脚不沾地，眼睛却紧紧盯着资讯类 APP 页面，聚精会神地浏览着信息；中午休息，一边吃着盒饭，一边又加紧报了几门网络课程……

某论坛上，有人问道："你感到知识焦虑了吗？"

答案五花八门，其中一位心理医师的回答格外醒目："所谓的知识焦虑，与马斯洛定律里的'自我实现'无关，这其实是欲望膨胀后带来的一种'被动'焦虑。"

我们所处的时代，是一个信息爆炸的时代。每一天都有海量信息通过 APP 端口传送到所有人的面前。我们一遍遍领略着世界的丰富多彩，欲望因此有了滋生的土壤。

求知欲使得我们迫切地渴望将更多非我的东西转变成自我的东西，但网络中无穷无尽非我的知识令现代人承受着越来越多的心理压力。"知识焦虑症"也因此变得流行起来。

很多心理学家认为，越是渴望一步登天的人，越会表现出"知识焦虑"的倾向。罗振宇也曾谈到这个问题，他解释说："很简单，（阶级）固化了，也没固化，关键的区别在哪里？就是你有没有知识，你是不是能够完成认知升级。知识的爆发性价值有可能是改变你的一生的，最终帮助你完成阶层超越。所以，你说我们这代人的知识焦虑能不大吗？"

可见，急切地想要跨越阶级、变成"人上人"的欲望令更多人有了知识焦虑。问题是，我们从未付出足够的耐心去支撑我们的欲望完美地"落地"，我们焦虑地看着身边的人变得更好、更优秀，欲望也因此越发膨胀，可行动起来依旧是三天打鱼、两天晒网。

有的心理学家一语中的道："你那不是焦虑，你是欲望过剩，而又急功近利。"不信，试着观察你身边患有"知识焦虑症"的人，是否也有如下表现：

手机里订阅的公众号琳琅满目，收藏的文章达到了几个 G，嘴里说着先收藏再说，有时间了细细品读，可真实的情况是那些文章收藏了却再也没被打开过……

一时兴起恨不得将整个书店里的书都搬回家，冲动了便花光积蓄去报名参加各种培训班、训练营，或者购买网上知识付费课程。可真实的情况是，买来的书被扔在角落，连封皮都没来得及拆开，各种培训班、训练营都只参加了前几节课，之后便不了了之……

一面给自己制订各种成长计划，包括考研计划、读书计划、锻炼计划、坚持早起等；一面在朋友圈里疯狂打卡，享受着周围人的点赞与评论。可真实的情况是，有的计划制订完便被束之高阁，有的刚执行两天，中途遇到了困难，你便立马想到了放弃……

求知的欲望、创造的欲望、想要变得更好的欲望等都没有错，问题是，你做什么都太过于急切，从未深刻认识到"路得一步一步走才扎实，成长得缓慢进阶才稳妥"的道理。正如"奇葩说"上，一位选手这样说道："你可以一天整成大明星，但不可能一天读成林徽因。"

"圆桌派"上，一位年轻嘉宾认为现在流行的知识付费很多其实是反知识的："把需要80%时间学习的知识压缩成20%的时间，把只需要20%时间讲清楚的事情延长到80%时间，用迎合你的漂亮话来塞满；而学校是正常的教育知识，只有5%的时间是在听讲，95%以上的时间是在练习和做题，是个很艰苦的过程，学校虽然很低效但确实是个能学到知识的地方。"

想要治愈你的"知识焦虑症"，首先，你要改掉急功近利的做派。很多人遇到了不熟悉的领域，不会的知识，第一反应是体会到浓浓的羞耻感。殊不知这世上没有人是全才，没有人无所不知。而且，学习不是一天两天的事，应将它当成一件终身都将持续进行的大事。正如一位著名演员所言："你要努力，但是不要着急，凡事都应该有过程。"抱着终身学习的态度，持续稳定地去进步，才能抚平那些欲望的喧嚣，脱离焦虑的泥沼。

比如，作家马伯庸就曾介绍了一个读书的好方法，他说"买书如山倒，读书如抽丝。"古往今来这么多好书、这么多好知识，哪怕一天 24 小时不吃饭不睡觉也学不完，最重要的是我们得知道知识都藏在哪里，到哪本书上去找，链接得到知识就已经很不错了。

另外，我们越是焦虑自己的成长速度赶不上别人，越可能"囫囵吞枣"、不加过滤地吸收信息，导致越来越没有判断力。这种情况下，一定要学会升级自己的学习能力，在脑海中形成"知识过滤器"。要知道世界每天都在发生变化，每天都有旧的知识被淘汰。所以，你要不断观察行业动态，掌握行业发展趋势，找到更多的可信度高的信息渠道。

还有一个好办法是，建立属于自己的知识体系。碎片化阅读可以让我们充分地利用时间，接触到各种类型的知识，但前提是你得先架构起一套完整的知识体系，否则容易被各种观点所影响，变得人云亦云。具体的方法是，先确立一个或几个明确的探究方向，进行初步了解，逐渐形成框架，在往后的岁月中不断进行填充，聚沙成塔。

焦虑是压力也是动力，与其逃避，不如迎难而上。我们要努力找到平衡点，在欲望与现实之间搭起一座"桥梁"，稳扎稳打，为变成更好的自己而奋斗。

4

真正厉害的人，都懂得接纳焦虑，掌控人生节奏

朋友圈里曾流传着一则短片，名为《你的节奏不可以被任何人打乱》。短片一开始，校长站上讲台，侃侃而谈："再过两年，你们就会完成高中学业，再过三年，你们就会到自己想去的国家，上自己想上的大学，再过五年，你们就会开启自己的职业生涯……"

一个男人突然走上讲台，他打断校长的话，面向学生真诚地说道："我想告诉您不是这样的，有的人 21 岁毕业，到 27 岁才找到工作；有的人 25 岁毕业，却马上找到了工作；有的人没上过大学，却在 18 岁就找到了热爱的事；有的人一毕业就找到了好工作，赚很多钱，却过得不开心；有的人选择间隔几年去寻找自己的目标……我想说的是，人生中每一件事都取决于我们自己的时间，你身边有些朋友或许遥遥领先于你，或许落后于你，但凡事都有它自己的节奏，耐心一点儿。"

迫切想要实现的欲望一定会带来焦虑，也一定会扰乱你的

人生节奏。什么时候工作、婚嫁、生育等问题，让生活变成了一场百米赛跑，为了不落于人后，为了不出局，我们无比焦虑、迷茫地向前跑去，跑得上气不接下气，却看不清目的地在哪里。

迟早有一天，你会因为自身精力耗尽，或者闯入一个死胡同而停下来，这时候却发现周边的一切都不是你喜欢的。原来你一路拼死拼活争取的，并不是心中最想得到的东西。

越是焦虑，越会扰乱我们内心的秩序，这也导致我们的生活越发混乱失序。而在心理专家看来，正是以下几点原因让越来越多的年轻人守不住自己的节奏，败于焦虑：

粗暴定制目标。"一个月内我要瘦下 30 斤""我要在一年内升任管理层""25 岁之前，我一定要买车买房"……过高的目标或者过短的奋斗时间，完全不具备可行性。

过于悲观。很多年轻人习惯了负面思维模式，还未付出行动，却臆想出各种悲观结果。

对网络信息失去分辨力。被网络舆论所影响，别人一"带节奏"，便热烈地响应。

身边即世界。照搬别人的人生模式，被别人的节奏牵着鼻子走。

对自我缺乏足够的了解。对自己的真正需要不清晰，这才导致患得患失。

人是由欲望推动向前的，但过度的欲望却扰乱人的脚步，让人原地踏步甚至步步倒退。比如，那些被欲望折磨得越来越焦虑的人总将目光放在别人身上，却很少关注自身的成长。

这样的人迟早会被负能量所吞噬。殊不知，那些真正厉害的人都能将欲望控制在一个合理的范围内，他们知道如何和焦虑和睦相处，更擅长寻找属于自己的人生节奏。

那么，如何去找准自己的节奏呢？你必须先把现阶段的事情处理好，努力去打造自己人生的厚度。身边很多年轻人还没走出校门，或者刚刚踏入职场，便梦想着去创业，梦想年少成名。其实，唯有先踏实做好手头的工作，让自己的人生先有密度、厚度，才能顺其自然地到达想要的高度。一味好高骛远不叫拥有自己的节奏，叫败于自己的欲望。

值得注意的是，虽然我们不必跟随他人的节奏，但我们完全可以去寻求那些真正优秀的人的帮助，找到属于自己的节奏。而这也是摆脱焦虑情绪的方法之一，即承认自己的普通，不必事事强装坚强，有必要时勇敢地向他人展示自我脆弱的一面。

与此同时，如果有幸与一些意志坚定、精神世界丰富并且对自己的人生有着长远规划的人同行，你要不遗余力地向他们学习，尽可能地向对方请教更多人生经验。

想要找准自己的节奏，你需要时不时地同自己的内心对话，耐心地倾听自我心声。你更要抱着审视的目光去看待自己的生活与工作，经常思考，不抗拒尝试……

或许你也曾让自己活成"欲望的奴隶"，一路漫无目的地奔跑前行，同时被那股焦灼感折磨得辗转反侧、坐立不安。可当你发现自己内在的节奏，并自信地按照自己的节奏去生活的时候，你便会发现原来生活是这么美好，连呼吸都是甜美的。

当你亲手奏响属于自己的乐章，你便找到了摆脱彷徨、焦虑情绪的解药。这也预示着你真正变得成熟，你蜕变成了一个真正强大而优秀的人。

5

运用"渴望力"，战胜焦虑情绪

心理学家发现，治愈焦虑的最有效的办法之一莫过于挖掘自己的极度渴望。比如，你极度渴望获得成功，渴望获得爱或者是认同感，只要你向着一个清晰的目标，持续付出行动，你会发现，奋斗的过程中你仿佛被"洗脑"了，全身充满着使不完的动力。

然而，很多人对"渴望力"缺乏足够的认识，其实，它能带给你的影响远远超出你的想象。微博上，一则名为《你到底对你想要的有多渴望》的视频得到很多网友的转发。

视频说了这样一个故事：一个年轻人非常渴望拥有财富，所以他找到当地最有钱的那位老人，并直白地对老人说："我想变得和你一样富有。"老人点点头，对他说："如果你想变得像我一样有钱，明天凌晨4点来沙滩见我，我会在那里等你。"

见年轻人迟疑的样子，老人又重复了一遍。第二天，年轻人如约而至。老人早已等候在沙滩边，他示意年轻人走到水里。年轻人皱着眉，一边频频回望老人，一边向水中走去。

他越走越远，水也越来越深。终于，年轻人抓狂了："我是想挣钱，不是想游泳，这里没有救生员，我不想挣钱了！"老人却提示他："别回头，看看你的前方，看远点儿。"

年轻人看向远处，老人却又让他看向附近，年轻人只感觉自己像被抛弃在这地方。老人让年轻人将头埋入海水中，年轻人将信将疑，最后还是服从了老人的命令。

快要窒息的时候，一双有力的大手将他拉出水面。年轻人睁开眼睛，只听老人不疾不徐地问道："刚才在水下面，你脑子里想的是什么？"年轻人惊慌失措道："我什么也没想，只想呼吸。"老人微笑，说："当你像渴望呼吸一样渴望成功的时候，你就会成功。"

现代人的焦虑，99%都来自"只空想不行动"。为什么不愿意付出行动？这个问题一定会引出很多借口："实在没有时间去实施计划，等时机成熟了我一定会行动。""我恐惧改变，所以不敢轻举妄动。""我是个完美主义者，太害怕失败了。"……

说到底，还是因为内心不够渴望。如果你真的渴望到了一定的地步，你就会无所畏惧地去做。当你真正付出行动的时候，你心里只会充溢着冒险的欣喜，而不是焦虑与恐惧。

然而，现实生活中，很多人为了摆脱焦虑情绪，干脆逼迫自己看破红尘，并美其名曰"不以物喜，不以己悲"。这无异于从一个极端走向了另一个极端。人最可怕的，其实正是无欲无求的状态。

说白了，绝大部分的"佛系青年"并不是不想"吃肉"，只是不想付出劳动。所以他们才告诉自己："别说肉了，我连饭都不想吃。"他们蜷缩在原地，将日子过得越来越颓废。

维克多·弗兰克尔是一位心理医生，他曾在自己的著作《活出生命的意义》中记录了一个故事。"二战"时，维克多被送到了集中营里。他发现很多囚徒在法西斯残酷的折磨下会丧失生存的意志，选择自杀。想要挽救他们，就必须设法点燃他们心中的欲望。

比如，他们中有两个囚徒生存意志最为坚强，其中一个囚犯有个极为宠爱的孩子，后者令他牵肠挂肚；另外一名囚犯是一位科学家，他正在撰写一部著作，但目前还没有完成。正是因为他们心中有目标、有责任、有欲望，才能顽强穿越那些苦难的岁月。

这也正印证了渴望的力量。而没有欲望的人生，跟咸鱼毫无分别。你要明白，压制欲望，并不能让我们的内心真正平静下来。当你原地踏步的时候，你的负面情绪看似被剿灭，可一旦遇到了合适的时机，它却会一遍遍"死灰复燃"，甚至越燃越旺，最终摧毁你的人生。

与其过滤欲望，倒不如找到心中最想实现的目标，将"渴望力"发挥至极致。你有多渴望，就有多高效。那种无与伦比的专注力让你无暇顾及其他事情，只一心朝着目标前进。

正如《你到底对你想要的有多渴望》这则视频中，老人最后说道："当你像渴望呼吸一样渴望成功的时候，你就会成功。你唯一想要做的事情就是获得一些空气，你不会在乎一场篮球比赛，你不会管电视在播放什么，你不会在乎没人给你打电话，你不会想着去参加什么派对，当你渴望呼吸的时候，你唯一在乎的一件事，就是得到一点儿空气，就这么多。"

你有多渴望，就有多强的执行力。你将认识到"等"是这世界上最容易欺骗人的一个字，你也将见识到将"坚持"二字贯彻到底，究竟会焕发出怎样的魔力。

那首叫作《渴望就是力量》的歌这样唱道："倾听内心的渴望，冲破梦想的边缘，是年轻的力量；飞向飞向那天籁，靠近你我的渴望，冲破世界的边缘，是生命的力量……"你有多渴望，就能获得多大的成功。听从内心的召唤，运用渴望的力量去行走四方！

6

找准人生的坐标，不必执着于"更好"二字

著名心理学家武志红曾说："很多时候，我们的焦虑并非真的是遇到了什么过不去的坎，而是认知出现了异常。"而在现实生活中，人们常常会犯的一个认知上的偏差在于：认不清自己的位置，找不准自己的人生坐标，同时对"更好"二字怀有执念。

当然，想变得更好从来都是一件无可厚非的事。但在未找准人生定位的前提下，过分执着于变得"更好"，却只会让我

们陷入疲惫和焦虑中，令我们频频怀疑自己。

"奇葩说"中，一位选手在某次发言中提到，她是一个很有上进心的人，无论她之前表现得有多好她都不满足，每次上场前，她都一心想表现得更好、更优秀一点儿。可也正是这种没有止境的上进心将她拖入了泥潭。哪怕她成功夺下亚军的宝座，她依旧觉得恐慌、焦虑。

焦虑令她迷失了自我，她试图改变辩论风格去讨好观众，可越是用力过猛，得到的掌声却越少。最后，她非但没有变得更好，反而慢慢失去了自己的特色。

正如上进心没有尽头，"更好"也是没有终点的。如果你不允许自己失败，同时将自己的目标设置为"一次比一次好"，就一定会经历一段无比艰辛、痛苦的欲望之旅。

只因，一旦打开了欲望的大门，戴上了那顶名为"变得更好"的紧箍咒，你就会变得越来越迷茫、空虚。欲望会蒙蔽住你的双眼，让你在错误的道路上越走越远。

你身边的人包括你自己极有可能会将你的失败归结为你还不够努力、不够上进，实际上，如果你能收回对"更好"二字的执念，以更从容的心态去奔跑，或许一切都会简单得多。

鲁豫曾采访刘翔，她提起2004年刘翔在雅典奥运会上一举夺冠的那一刻，并满怀深意地问道："是不是所有胜利的快乐都远远比失利的痛苦要短？"

刘翔笑得无奈："也就那么几天就过去了，我还是以前的我，我开始想：'我已经是上届冠军了，我该怎么办？'"他以

"更高更快更强"的标准要求自己,大众也这样看待他。

结果,之后的北京奥运会,刘翔因伤退赛,引来很多人的不满和谩骂。而他自己也过不了内心的这一关。他迟迟走不出失利的阴影,就此沉寂了很久。

当我们在欲望的驱使下,毫无限度地去挑战极限时,除了会将自己逼入负面情绪的旋涡,也更容易让自己失去人生的坐标。这时候,你心心念念的成功反而会离你越来越远。

没有人能在"更好"的道路上一直昂首向前,前进到底。只要是人,就会疲惫,会失败,会拥有局限。与其透支精力和体力,不计一切地追求成功,不如以更坦然的态度去面对人生的顺境和逆境,并依据自己的状态随时调整目标,一路行走一路积累一路珍惜。

武志红强调说,认知上的偏差带来的焦虑一旦过了头,会让我们变得草木皆兵,变得烦躁、易怒、疲惫、虚弱和无助。想要摆脱这种状态,不妨采取贝克的认知心理疗法。该疗法的基本理念是:通过改变认知来改变我们的主观感受,从而改变我们的行为。

首先,你要认识到,到达一个极限后,你很难做到一次比一次好,只能每一次都尽可能做到最好。因为人的状态有高有低,每一次出发前,你都要客观冷静地分析自己及竞争对手所处的位置,对最后的结果有一个预判。这能极大减轻你的焦虑情绪,让你的心态变得平和。

当然,无论你的预判结果够不够理想,你都要不顾一切地去奋斗，为取得最好的结果而拼尽全力。当你经历了一场酣畅淋漓的竞争，且在这一过程中将自己的能力和潜力都发挥得淋漓尽致时，哪怕最后的结果不尽如人意，你心里也不会有很多遗憾。

最关键的是，你要找准自己的目标，找对发力点，才不会让自己的努力白费。很多人呕心沥血地去追求更好的自己，实际上他们连人生的目标和定位都没弄清楚，就盲目地去努力，结果越是"使劲"越是焦虑，越是专注，生活却变得越发糟糕。

诺贝尔化学奖获得者奥托·瓦拉赫刚开始读中学时，父母倾向于让他走上文学之路。虽然他学得格外努力，成绩却很不理想。后来，他又改学油画，一学期过去了，他的成绩在班上是倒数第一。所有人对他都很失望，唯有他的化学老师很看好他，建议他试学化学。找准了人生定位后，奥托·瓦拉赫刚的天赋被点燃，他的努力很快就收获了回报。

无论你想要变得更好的欲望有多炙热，你都要保持冷静。在起跑的一开始，先找到属于自己的位置，按部就班地朝前飞奔。不要被那无穷无尽的上进心框限住脚步，只求每一趟旅程都能跑得酣畅淋漓，痛快无比。唯有这样，才能彻底治愈你的焦虑。

7
"变得更好"这件事和受苦没有必然的关系

某心理咨询师在个人微博上说，这么多年来让他印象最深刻的一位来访者是一位姑娘。她面容姣好，装扮精致，一举一动都尽显精英气质。然而，她坐下来第一句话却是："我真的很讨厌我自己。"深入交流后才发现，姑娘一路走来都怀抱着一种苦大仇深的心态。

曾经的她，肥胖、自卑，是个不折不扣的丑小鸭。是想要变得更好的梦想给了她无穷的动力，却也带给了她无限的痛苦。她最后确实成功逆袭了，心性却也变得越发敏感脆弱。无论是在职场上，还是在亲密关系中，她心里都充满不被肯定的恐惧，动不动就情绪失控。

精神分析学认为，欲望虽然催人奋发向上，但也会给人带来一种负罪感。只要有欲望，就一定会经受负罪感的折磨。为了减轻负罪感，我们会在实现欲望的旅途中有意无意地给自己施压，甚至不断折磨自己。哪怕梦想变成现实，我们真的取得了令人艳羡的成就，却也无法真正从中得到快乐，或者充分享受这荣耀，反而会变得越来越恐惧焦虑。

只因我们在潜意识里将"受苦"与欲望之间画上了等号。仿佛只有吃尽苦头，才能实现欲望；只有保持苦大仇深的状态，才能让这辉煌延续。原本成长的过程就一定是充满挫折与坎坷的，很少有人能一帆风顺地实现梦想。可光是抵御来自外界的打击还不够，我们还要接受自我心灵上的压迫与折磨。长此以往，很难保证我们的心理状态不出问题。

主持人窦文涛在"圆桌派"中提到这样一件往事，当年他在接到高考录取通知书前，心理负担极重。也许是为了纾解压力，他开始抽打自己，甚至逼迫弟弟打自己耳光。

其实，他这种反常的行为正反映了一种潜在心理：欲望就该与受苦紧紧联系在一起，仿佛吃尽了苦头，迫切想要实现的欲望就能更顺利地实现，结果就能变得更好一点。

生活中，这种心态并不鲜见。比如，翻开朋友圈，很多人的个性签名都是"成功就是要对自己狠一点""要么瘦要么死"……带着这般决绝的信念，很多人一路咬牙拼搏。

很多心理学家指出，采取这种信念模式去打拼事业，确实能取得事半功倍的效果，但与此同时，它又会对人的心理健康造成威胁。比如，你永远会觉得自己不够好，觉得自己对自己不够狠。如果你不够爱自己，在人际交往方面也很难信任别人。若你很难在人际关系中获得愉快舒适的感觉，内心的焦虑、痛苦便更难以纾解。这无异于一种恶性循环。

对此，心理学家武志红解释道："内疚是对自己的攻击，当他们想完全消灭掉这种自我攻击时，他们就将其变成了向外的攻击。他们越是拼命满足自己的需要，罪恶感就越强，这时他们对别人的攻击性就越强。"总而言之，是欲望带来的内

疚感、负罪感让你逐步走向了极端。所以,武志红才一再强调:
"你要坚信你的欲望不是罪。"

当你摆脱了浓浓的负罪感,那一刻,你会豁然开朗,原来
"变得更好"这件事与吃苦并没有必然的联系。既然如此,为
何不去寻找一种让自己更舒服的成长方式呢?

印度电影《三傻大闹宝莱坞》中,法罕、拉加和兰彻是同
寝室的大学同学。法罕和拉加在学习上很努力,每日起得很
早去背书,课堂上也一丝不苟地记笔记。尽管如此,他们的
成绩却始终处于倒数。法罕和拉加迫切地想要变得优秀,甚
至求神告佛以期自己考试通过。

认识兰彻前,法罕和拉加过得苦大仇深。而兰彻却是快乐
学习的代表,他抗拒死记硬背,总是亲自动手钻研以激发自
己对知识的兴趣。他虽然脑子里无时无刻不在思考,却并不
会将所有的时间都花在学习上。他情感丰沛,愿意关注生活
中的人和事,向往爱情,珍惜友谊。在兰彻的影响下,法罕
和拉加也变得开朗了不少。后来,三人都取得了很高的成就。

想要实现欲望,当然得付出代价。但这并不意味着你就要
将自己的人生剧本设定为一出"苦情戏"。你不必花太多时间
在"内耗"上,不必太过于关注他人对自己的评价。你不必
时时刻刻地向自己施压,让自己一直处于紧绷状态。不妨为
自己"减减负",让自己的内心世界保持轻盈状态,用更乐观、
柔软却又坚韧的态度去面对苦难。

想要放松心情,先放松自己的身体。不如来做一个小练

习：让自己身处静谧的环境中，闭上眼睛，感知自己的身体，看看哪个部位会产生不舒服的感觉。很多人在做这个练习的时候常常不自觉地哭了起来。只因过往他们对待自己太严厉，从未过多关注过自己的身体。等他们真正安静下来去感知自己的身体时，很多隐藏起来的负面情绪便一股脑爆发出来。

另外，无论每天有多忙多累，都要匀出一点时间和自己相处，清空脑袋，排空压力。赤脚踩在草地上，沐浴着阳光，感受这静谧的时光。或者坐在干净的地板上，喝一杯红酒，听一首音乐，内心的罪恶感、不安全感会随着这个练习逐渐淡化。

如果在实现愿景的旅途中，你已经吃了太多苦，承受了太多来自外界的压力，为何还要在心理上压迫自己？你要明白，并不是所有的"苦"都能让你成长。

很多人为的苦其实是没必要的。而每一个备感压抑的当下累积起来，只会让你抵达一个升级版的愁云惨淡的未来。所以，你要想法离开这种不断内耗、伤人伤己的受苦状态，去寻回轻盈柔软的生活姿态，它能让你毫不费力地抵达想要的未来。

8
接纳自己的"不好"，与自我和解

美国专业的心理治疗临床医生蒂姆·德斯蒙德在其著作《与真实的自己和解》中指出，人需要"自我同情"。如果无法接纳自己的"不好"，终身都会活在自我折磨中。

电影《无问西东》中，女主角王敏佳的故事令很多人深受触动。当年，王敏佳得到了一个为主席献花的机会，但那天她实在太紧张了，以至于突然病倒，在最后关头被另一位女孩所替代。在那个特殊的年代，为主席献花，和主席合影，堪称巨大的荣耀。

王敏佳一直梦想能出人头地，可她万万想不到自己竟然会错失这个出人头地的机会。她一直对此耿耿于怀，哪怕事情已经过去了很多年，她都无法接受这个事实。

可以说，王敏佳那么多年来一直是活在对自己的一种强烈恨意中的。她怨恨自己抓不住那个机会，怨恨自己的不完美。而悲剧的源头，正在于她内心深处那股迫切的欲望。

心理专家分析说，几乎每个人都梦想能变得更好，梦想能超越庸众。这背后固然有人心的贪欲在作祟，但根本原因还是在于我们讨厌平庸，讨厌拮据的生活。更深一步分析，你会发现，你其实讨厌的是平庸的自己，和过着拮据、灰头土脸生活的自己。

换句话说，我们每个人在内心深处，或多或少都在为自己的不完美感到自卑，乃至隐隐地怨恨自己、看不起自己。不妨扪心自问：你对现在的你感到满意吗？还是说讨厌更多？

人生旅途中，我们会对自我产生很多评价，大多数人都是以负面评价居多。这深深阻碍了我们内心的和谐与统一，甚至对我们的人生走向产生诸多负面影响。

人若无法心平气和地去感知真实的自我，始终无法接纳自己的"不好"，始终无法与自我和解，就会任由欲望侵蚀理智，一刻不停地折腾自己、折磨自己。而抑郁症、焦虑症、强迫症、恐惧症等各种心理问题正是自我折磨的典型表现。

若能对自我产生同情心，躁动的内心会逐渐变得平静下来。所谓的"自我同情"并非自怨自艾、自我批判，或者自我放纵，更不是妄自尊大、以自我为中心。

它是在鼓励你化身为自己的灵魂导师，在认清自身局限的同时，客观评价自己的优点、潜力，积极地指引自己走出失败的阴影，充分享受生活中美好、灿烂的一面。

做到"自我同情"的第一步是放弃"自我批判"。成长的过程中，我们耳边一定充斥着各种批评、打压的声音。对于那些性格内向、脆弱的人来说，那些声音甚至已经内化到他们自身。导致他们每做一件事之前，都会不自觉地自我批判一番。

很多人因此压力过大而发挥失常。这之后，身边那些失望的眼神、批评的声音又会让他们陷入更深的自我否定中，并产生更极端的自我批评。比如，"他不喜欢我，只能说明我一无是处，不配人爱""我太差劲了，连 PPT 都做不好，注定会失败""我又考砸了，整个人生都完了"……这种以偏概全式的负面思维方式，会让人变得越发悲观抑郁。

就像自卑的人往往是一个拥有强烈自尊心的人。对自己批判得越厉害的人，往往出人头地的欲望要比常人强烈得多。唯有认识到这一点，你才能更顺利地同自己的身体心理感受做连接，这样你在进行自我批判的时候，便能第一时间发现、制止并安慰自己："事情进行得不顺利，是因为我太急切了，看淡点，失败一次算什么，完全影响不了我的未来。"

"自我同情"，更意味着你要无条件地接纳自己的普通与平凡。你能以更平和的心态甚至充满自信地去看待自己外貌上的瑕疵和天赋上的不足，以及能力上的短板。

意大利著名影星索菲亚·罗兰刚入行时，很多人在背后对她的外貌指指点点。说她不够漂亮。有的人说她鼻子太长不协调，有的说她臀部太大，影响美观。

后来，一位导演当面对罗兰说，希望她能在外貌上稍做调整。罗兰却一口回绝，并自信地表示，虽然她长得不够完美，但正是这些不完美加起来，才造就了她的与众不同。

年轻作家蒋方舟曾坦言，从小，她就被赋予了天才作家的光环。这个光环带给她诸多好处，却也曾将她逼进抑郁的角落。直到她卸下这道光环，承认自己就是一个普通而平凡的女孩时，曾经的种种纠结、痛苦的情绪消失了，她的心渐渐平静下来。

《德米安：彷徨少年时》一书里说道："对每个人而言，真正的职责只有一个：找到自我。他的职责只是找到自己的命运，而不是他人的命运，然后在心中坚守其一生，全心全意，永不停息。"你要理解自身情绪的来源，在成长的过程中，不断给予自己认可和支持。你要学会接纳和善待自己，无论是优势还是短板，甚至种种瑕疵之处。如此，命运才会眷顾你。

9
迷茫是因为你的才华还撑不起你的野心

知乎上，有位网友问道："当你的能力撑不起自己的野心时，应该怎么办？"

一个高赞回答道："莫言说过，当你的才华还撑不起你的野心的时候，你就应该静下心来学习；当你的能力还驾驭不了目标时，就应该沉下心来，历练。"

《不是每个故事都有结局》这本书中有一句很经典的话："人生最大的痛苦，大多来源于能力配不上野心，自己配不上欲望。"从马斯洛需求层次理论角度而言，人是欲望的动物，无论处在哪一阶级，人都逃脱不了欲望的捆绑。而同一个人在不同的阶段也会产生不同的欲望。

然而，当你的才华配不上梦想，你的能力驾驭不了这日益高涨的欲望时，你不由对自己产生了深深的怀疑，周围环境带给你的焦虑感也几乎要压垮你的意志。想要自如支配自己的野心，就努力打造自己的底气；想要豪气十足地为梦想买单，就不断磨炼自己的能力。

韩剧《未生》的男主角张格莱原本是一个很骄傲倔强的人，他从小学习围棋，后因家庭变故主动放弃围棋，转而进入大公司实习，就此开启了自己的职业生涯。

然而，入职还没多久，现实狠狠击碎了张格莱的骄傲。他学历低，年纪大，什么技能也不会，四处遭受白眼和嘲讽。幸好，张格莱很快认识到，正因自己基础差，才要付出比别人多几倍的努力，这样他才有希望去逐步实现梦想。一开始，他不知道该向哪个方向努力，干脆将公司的电话簿背了下来，只要有人需要，立马为别人拨通电话。

上司原本很嫌弃他，对他百般挑剔。张格莱毫不气馁，他花了三天时间背完一整本外贸词汇词典，对于上司交代的工作，哪怕再小的事情也会一丝不苟地去完成。这让上司对他刮目相看。张格莱努力为自己争取着机会，不出两年便在公司里大放异彩……

试着观察身边那些真正努力的人，你很少能看到他们脸上出现迷茫焦虑的神色，他们似乎永远都是那副乐观积极的模样，随时能打起十二分的精神投入工作中去。

而很多饱受焦虑折磨的人总是一边大肆谈论理想与野心，一边沉溺于享乐中，间歇性踌躇满志，持续性混吃等死。他们才华不够，脾气倒不小；欲望很多，却懒得付出努力。

《哈佛大学图书馆馆训》中说："你所浪费的今天，是昨天死去的人奢望的明天；你所厌恶的现在，是未来的你回不去的曾经。"这个世界从不缺乏野心家，而持续付出努力去实践野心的人却寥寥无几。当你觉得迷茫时，别问路在何方，只管坚定不移地大步向前走，勇敢地穿越荆棘，穿越黑暗，迟早有一天你会身披霞光，自信地走入光芒万丈的未来。

有个成块公式，"$1.01^{365} = 37.78$；$0.99^{365} = 0.03$"。人们总会在这个公式后面加上一个注释："积跬步以至千里，积怠惰以至深渊。"

这两个等式分别计算了 1.01 的 365 次方和 0.99 的 365 次方，1.01 和 0.99 表面看起来只有 0.02 的差距，可分别与 365 乘方后，结果却天差地别。有心理学家解释说，数字 1 指的是一天，1.01 指的是每天多做一点儿，0.99 指的是每天少做一点儿。一年一共 365 天，每天只多做或者少做那么一点点，当时看不出差距，一年后，却不可同日而语。

如果你不知道如何从当下这种迷茫焦虑的状态中脱身而出，不妨花点儿时间去整理手头的工作，给自己定下一个小目标：能力范围内，每天都比昨天进步一点点。

时间是最公平的裁判。只要你今天能比昨天进步一点点，更充实一点点，时间久了，你会沉醉于这种不断递进的满足感中，再也没有多余的时间去长吁短叹、怨天尤人。这便是"量化"的力量，只要坚持 365 天，你便能见到一个脱胎换骨的自己。

现实生活中，还存在一种情况：迷茫不是因为不够努力，相反，越努力越迷茫，因为迟迟看不到成效。日剧《重版出来》中有这样一个情节：沼田给一位著名漫画家当助手整整二十年，后来漫画家又招聘了一位新人助手，对方是个桀骜不驯却拥有惊人才华的年轻人。

沼田看到新人助手的画稿，内心又自卑又嫉妒，出于这种心理，他故意弄脏对方的画稿。可等看完新人助手的所有作品后，他心里却充满了感动。那一刻，他回望一路走来的点点滴滴，并重新审视起自己的人生。深思熟虑后，沼田决定放弃自己的漫画家梦想。

沼田的决定虽然可惜但值得理解，只因这个世界上有些事情若缺少天赋真的很难做到，此时，及时止损便成了一个明智的选择。当然，前提是你真正毫无懈怠地拼过、闯过。

任何欲望的实现，都需要能力的支撑。不要只把野心、梦想等挂在嘴边，立志再多也不过是浮云。努力朝前迈进，只要每天都比昨天进步一点点，早晚有一天你会超越别人一大截。

当然，努力并非标量，而是矢量，它有大小，也有方向。有些梦想，尽管全力以赴地去拼搏依旧难以实现，这时候，唯有找到真正适合自己的道路，才能吹散心中的阴霾。

第三章　过度的物质欲望，带来精神的极度空虚

1

控制不住的"买买买"，疯狂购物背后的心理学

每年双十一，朋友圈里都会响起一片哀号。有人说："信用卡额度又要被刷光了，我要剁手！"有人说："谁也别劝我，我要卸载淘宝、京东！"……

对此，心理学家分析道，与其说商家是在销售商品，不如说他们是在销售欲望。商家基本会采取这样的策略：先放大你的欲望，再不断施加新的欲望给你。

那些精美的"卖家秀"，让人眼花缭乱的广告，其实是在将你的欲望和商家提供的商品与服务建立关联。当你一次又一次屈服于物质欲望，意味着你越陷越深。

电影《一个购物狂的自白》中的主人公丽贝卡曾无奈地说："女人天生是购物狂。"她是一名财经记者，尽管已经工作了好几年，她却没能攒下一分钱存款，反而因为疯狂购物欠下很多债务。她靠购物来发泄工作中的压力，本着"只要喜欢，不买可惜"的原则，她一再冲动消费，甚至花了一万多美元买下了自己根本不需要的潜水用具。

信用卡催款单如雪片般飞来，眼瞧着生活之塔摇摇欲坠，丽贝卡慌忙将自己的信用卡冰冻了起来。结果，被购物欲淹没的她竟然砸开了冰块，取出信用卡后开始了又一轮的大买特买。短暂的快乐后，她却欲哭无泪，内心涌起无限的空虚感。

这是一个物欲横流的时代，每个人都裹挟其中。以弗洛伊德的观点来看，冲动购买行为之所以频频发生是因为人的欲望战胜了人的自律能力。

BBC出品的系列纪录片《无节制消费的元凶》亦揭露，"买买买"是人的从众心理和补偿心理在作祟。商家编织了一套"购买带来高级"的谎言，引得无数人趋之若鹜。同时，为了弥补生活中的种种不如意，为自己带来更多快乐，我们越发疯狂地去购物。

殊不知，物欲是一个无底洞，你买得越多，内心却越得不到满足，而且越来越难以收获快乐。生活中，那些真正的购物狂都有着如下特点：

信用卡被刷爆；欠下的网贷越"滚"越多；荷包空空，积蓄为零；因为控制不住欲望，生活、工作、爱情屡屡陷入危机之中……

"买买买"除了让我们的经济压力陡增，同时也为我们增添了很多心理负担。当我们被物欲牵着鼻子走时，我们嘴里谈论的都是这款大牌衣服、那款名牌包包，精神的成长与满足却被抛到脑后。可纵然每日疲于奔命，也跟不上"心愿清单"的更新速度。

好莱坞影星利奥·罗斯顿在自己的遗言中这样说道："你的身躯很庞大，但是你的生命需要的仅仅是一颗心脏。多余的脂肪会压迫人的心脏，多余的财富会拖累人的心灵，多余的追逐、多余的幻想只会增加一个人生命的负担。"

仔细想想，很多"非买不可"的物品，你真的需要它们吗？打折时买的那件衬衫，仍然挂在衣柜的角落，你一次都没有穿过；凑单买的零食，快要过期还未拆封；跟风买的护肤品挤满了梳妆台，你却懒得去使用。身边堆积着的物品越来越多，你却来不及去消化掉。

国产剧《我的前半生》中，女主角罗子君刚开始给观众留下这样的印象：拥有强烈的物质欲望，精神世界却一片贫瘠。离婚前的她，无比热衷于逛街、购物，甚至眼也不眨地花好几万元买一双鞋。离婚后的她，终于从无穷无尽的欲望中脱身而出。她确定了自身的成长目标，并将欲望转化成强烈的事业心，而她的转变无疑让观众眼前一亮。

被购物欲所绑架的人，往往只能光鲜一时，之后却越活越狼狈。如果你也正深陷欲望的泥沼，不妨参考如下意见去控制自己的剁手行为：

1. 将账单设置为手机屏保，时刻刺激自己。如果你不是"土豪"，一定会对自己的冲动消费肉疼不已，只是你会选择性地忽视各种账单信息和消费记录。

从此刻开始，逐一查阅存款、花呗、信用卡账单等信息，整理好，并截图存为屏保，忍不住想剁手的时候，就"审阅"一下各类账单，你还那么想买吗？

2. 购物前列好清单，永远只买对的。一迈入超市、商场，我们一定会被各类促销信息所吸引，并大肆抢购一些便宜物品，总以为错过就是吃亏。殊不知，花了更多钱不说，还买了很多根本用不上的物品。不妨在购物之前，先做好预算，列好清单。看到打折信息，只要这件物品不在你的购物清单上，就请目不斜视地走过去。

3. 准备一个记账本，尝试记账。很多年轻人都不知道自己的钱究竟花在了什么地方。不妨在记账本上记下自己每一笔收入与支出，帮助自己养成精打细算的习惯。

某部电影中有这样一句经典台词："人的一生，其实是和自己的欲望相处的过程。"被欲望俘虏的你，花明天的钱去享受，那副贪婪的样子，要多难看就有多难看。只有不停地同自己泛滥的物欲做斗争，才能改变自己的生活状态，才能活得神清气爽。

2
警惕"狄德罗效应"，
不为透支的欲望付出高额代价

你是否也有过这样的体验：抱着购买一件上衣的想法走入商场，连续逛了几小时后，你拎着重重的购物袋挤在人群中，想起下个月的"花呗"账单便头疼不已；明明只想买一块砧板，却不停地在淘宝购物车里加入各种厨具用品，点了付款后却后悔不已……

心理学上有一个专业名词叫作"狄德罗效应"，它映照着人们内心永远无法满足的欲望黑洞。"狄德罗效应"同时告诉我们，影响个人选择的并不是事物本身的特质，而是个人赋予事物的定义。正因人们被物欲所支配，冲动性消费才会一再上演。

"狄德罗效应"来源于一个小故事：法国哲学家丹尼斯·狄德罗有一天收到了朋友送来的一件睡袍。狄德罗对那件华美的睡袍爱不释手，他将其穿在身上，在屋里走来走去，不断在镜子面前欣赏着自己的"英姿"。慢慢地，他的目光被屋里那些破败的家具所吸引。

在狄德罗看来，这些家具太旧，颜色又过了时，实在配不上身上这件睡袍。他冲动之下，跑去商店重新订购了一批家具。当家中摆满新家具后，狄德罗感到很满意，自觉周围的环境很符合睡袍的档次。可激情消退后，他却越想越不是滋味，深深怀疑自己被一件睡袍"胁迫"了。后来，狄德罗将自己的感受写进一篇文章中，即《与旧睡袍告别之后的烦恼》。

200年后，美国哈佛大学经济学家朱丽叶·施罗尔在自己的著作《过度消费的美国人》中提出"狄德罗效应"这个新概念，又称为"配套效应"。指的是人们在获得一件新物品后，只有接二连三地拥有新物品，与最开始的那件物品配置成套，或者达到所谓的"完美组合"，才能获得心理上的平衡。

生活中，"狄德罗效应"无处不在。逛街的时候看到一双心仪的手套，冲动地买下后，发现没有合适的衣服、包包与其搭配，于是又耗时耗力地购买衣服、包包、鞋子、头饰，最后干脆换了一款新发型。从里到外配置一新后，那些喧嚣的欲望才平静下来。

买了房子后，要费尽心思地装修。购入一个很漂亮的衣柜，便用更高档的地板、更绚丽的地毯去相配。客厅明亮大气，怎么能没有质量上乘的电视柜、沙发和座椅？

在"狄德罗效应"的影响下，"超前消费"变得越来越流行。知乎上，一位网友发帖问："女朋友在蚂蚁借呗、花呗和招联欠款累计大概一万六千元，我作为她男朋友该怎么帮她？"看完所有的回答，你会发现，无底线的超前消费，会将一个原本乐观积极的人推入深渊。无节制超前消费的人像沾染上了毒瘾，在侥幸度日的同时，于泥潭中越陷越深。

在"狄德罗效应"的影响下，你的三观都会发生颠覆性的改变。你会越来越执着于"配套"，它不仅表现在物欲上，还可能影响到你对职场的规划，甚至是爱情的选择。

比如，很多大学生在找工作的时候自觉能力不俗，明明大公司竞争激烈，还执意要去世界五百强企业上班，却看不上那些前景很好的创业公司；明明没有经验，还不愿意从那些基础的工作做起，刚刚入职没几天就想被晋升到更高的职位，拿更高的工资。很多女孩觉得自己外貌优越，恋爱的对象必须才貌双全、家境殷实才配得上自己……

当我们将自己变成"狄德罗"后，却发现原本悠闲、简单的生活变得复杂起来，不断透支的欲望扼杀了我们的前程和梦想。作为一个拥有自由意志的活生生的人，我们却被一件件死气沉沉的物品或条件所"胁迫"、"捆绑"，活得越来越失控。

想要避开"狄德罗陷阱",先从控制物欲做起。我们控制不住购买行为,很多时候是错估了物品的价值及我们对它的需要程度。某综艺节目中,一位女明星说自己每次逛商场时,看到心仪的衣服、包包就会忍不住在心里尖叫,同时告诉自己:"如果不把它们买回家,我一定会死掉。"事实上,她的衣柜里真的缺这件衣服吗?不买她真的会死吗?

答案当然是否定的。那些"不买会死"的物品,大多不是生活必需品。你除了要了解自己的真实需要外,更要明晰自己能力的大小。购物之前要三思,将想要购买的物品列个清单,诚实地向自己指出,哪些属于理性消费,哪些是超出能力范围的消费。购物之后,分析自己的心理状态,为什么又一次向诱惑投了降?学会反思,才能在欲望面前及时刹车。

掉入"狄德罗陷阱"的人,为了寻求心理平衡,不惜采用各种手段去满足欲望,最后却付出了一次比一次高昂的代价。与其被物欲胁迫做出违心的选择,不如真正担负起自我人生策划者的角色,尝试着去降低物欲,这样才能自如地享受物质带来的快乐。

3

从付款到闲置,
现代人因物欲满足的快感究竟有多短

翻开闲鱼,琳琅满目的二手商品页面上,往往标注着这样的信息："这款大衣买来不到一个月，穿了几次发现不太适合自己，打折出售哦，喜欢的赶紧下手……"

"包包是去巴黎旅游买回来的，可惜包包太多，已经对它不心动了，五折出售……"

"这条项链真的很漂亮，但最近想尝试另一种风格，便宜转……"

……

大牌服装、昂贵的包包、轻奢型项链，可能你存钱买的时候省吃俭用，收到精美包装盒的那一刹那欢呼雀跃，可惜都抵不过时间带来的疲乏。只是，这疲乏期到来得比我们想象得更快，可能只需短短一个月，或者一星期，甚至三天后便再也没有了心动的感觉。有位网友说得好："现代人'变心'起来就像收到加班通知，总是突如其来，毫无征兆。"

一部描述购物狂的电影中，女主角意兴阑珊地说："以前拎着一大堆购物袋回家，心里满满都是幸福感。至少那一个礼拜心情都很好。不知道为什么，衣服、鞋子、包包越买越多，快乐的时间却越来越短了。有时候几小时就没了……"

想必你也有过这样的体验：一键付款清空购物车的那一刻，内心的愉悦感无以言表，眼前仿佛绽开了烟花；刷爆信用卡买到心仪已久的商品，那瞬间简直快乐到爆炸。

购物时的快感来自哪里？科学研究表示，通常我们购物时，大脑会分泌出多巴胺。多巴胺是一种神经递质，能带给人兴奋愉悦的感觉，很好地缓解我们的负面情绪。

旧金山州立大学心理学副教授瑞安·豪威尔则称,热爱购物是人的本能。而这种本能从旧石器时代就开始形成。他的研究显示,人类的祖先依靠狩猎和采集生存,他们会想方设法地获取、囤积任何有利于生存的稀缺物品。没有这个习惯的人类族群大概率会消亡。

只是,一键付款带来的快感比生鲜食物还容易"过期"。从埋单到拥有,快感来得快,去得也快,就像一阵风。很多东西,刚买到时我们无比珍惜,而没过多久,它们便被打入"冷宫"。

有心理学家分析说,物欲带来的快乐很短暂,是因很多人真正想要拥有的是购买时的"体验"或"心理感受",而不是实物。尤其以下两种物品很容易被"抛弃":

被寄托了特殊的意义。比如,情人节送给女友的礼物、朋友生日时为其准备的惊喜。礼物,本是感情的保鲜剂。但感情一旦破裂,你在购买和收到礼物时有多开心,之后就有多厌恶。

闲鱼上,有位男生发信息称,他攒钱买的 BOSE 耳机原本想送给女友,但礼物还没送出去就和女友分手了,于是低价转卖。还有位男生说,他花了三个月工资买了一个蒂芙尼手镯准备送给他的女友,可惜两人的感情"过了期",伤心欲绝的他预备一折甩卖,就当是送人了。

跟风购物。比如,曾在朋友圈里无比风靡的"猫爪杯""LV 水桶包""复古拍立得",往往只是一时流行,短短几个月便无人问津。跟风购买的物品,只能带给人极其短暂的满足感，一旦市场上刮起又一阵"风潮"，人们便迅速变心。

追逐短暂的快乐，得到的往往是无尽的空虚。那些聪明、自制力强的人从不做这样的事。"二三十岁的年轻人，绝对不要碰什么东西？"知乎上，这个问题引来了许多人的关注与回答。其中一个回答让人眼前一亮："远离那些能让人获得短暂快感的东西。"

《我从不做让自己有短暂快感的事》这篇文章的作者称："越是能在短时间内取悦你的东西，越要警惕，它也能在短时间内轻松控制住你。"无底线地去追逐购物带来的短暂快感，只会导致你的人生急转直下。与其如此，不如将宝贵的时间、精力和金钱花在那些能让你得到真正而持久的满足感的事情上。健身、运动便是一个好选择。

运动也能促进多巴胺的生成，让人摆脱负面情绪，变得愉悦起来。而持续不断的运动，能更进一步地促进多巴胺的分泌，直至形成一个正向循环。生活中，有条件的话不妨多办几张健身卡，去学习不同的健身方式，如瑜伽、舞蹈、游泳等等。

或者，有空的时候多多出去旅行。可以说，购物与旅行都是花钱得到的快乐，但后者带来的快乐更持久。纽约康奈尔大学心理学教授托马斯·吉洛维奇的研究表明，购物时的愉悦感，远远比不上一次全新的身心体验。他说，购物所带来的心灵愉悦感会随着时间递减，你会越来越不满足于单纯购物。但出去旅行、听音乐会、交新朋友就不一样了。远离目前的环境，去体验不一样的生活方式，了解其他文化和风土人情，能够活跃你的思维，丰沛你的情感，让你产生一种弥足珍贵的幸福感。它久久盘旋在你的心头。

购物狂们都在过着一种迷乱的生活：卡里能花的钱太少，眼里想要的东西却很多。别为了满足自己而迷失方向；别为了一时的快乐葬送了真正的幸福。告别物欲，从此刻做起。

4

为什么人们喜欢在行为和用品上模仿名人

一份"网络环境下名人效应对消费者行为的影响"的问卷引来了大批网友的关注。面对这一问题"假如你要购买一些生活必需品，其品牌本身不为大众所熟知，但商家请来当红明星为其代言，您是否会产生购买冲动？"，多数人在"是"这一选项上打了钩。

名人广告在当今全球商界占据重要地位，已成为普遍现象。商家会通过"名人效应"来强化品牌形象，增加品牌的信誉度。每一年，各种"明星带货榜""明星消费影响力榜"亦层出不穷。但"名人效应"背后，往往隐藏着畸形而极端的"消费主义"。

2019年6月3日清晨，优衣库上演了一场"抢衣闹剧"。人们聚集在各大商场的优衣库门口，摩拳擦掌，蓄势待发。当店铺的卷帘门被打开，人潮疯狂地向里涌去，场面一度失控。

有的人拔足狂奔，手机掉在地上也不管不顾；有的人胡乱扒开模特身上的衣服，拆掉塑胶手臂摔在一旁；有的人为争抢一件衣服，和身边的人大打出手……

其实，那天民众哄抢的目标是优衣库新款的"KAWS 联名 T 恤、手提袋"，追究这场闹剧的源头，无非是"名人效应"在作祟。KAWS 并非一个品牌，而是一个人名。1974 年，KAWS 出生在美国，他是一位著名的街头艺术家，拥有一批忠实粉丝。

KAWS 在世界各地不断举办艺术展，他所到之处，很快便会成为当地的网红打卡热门地。随着他的知名度越来越高，与其联名合作的商品也越来越贵。所以，这一次优衣库与 KAWS 联名合作的消息一传出来，立马受到了大众的追捧。这导致了"抢衣闹剧"的发生。

名人效应，指的是"名人的出现所达成的引人注意、强化事物、扩大影响的效应，或人们模仿名人的心理现象的统称"。在互联网极其发达的现代社会，很多人对于名人的追逐与崇拜几乎到了盲目的地步。这种"慕名心理"究竟从何而来？

社会人类学家杰米·特拉尼将这种现象称为"声望学习法"。在一个社群中，如果一个个体得到了其他成员的尊敬和羡慕，会自然形成一种崇高的社会地位，即拥有声望。比如，在原始社会中，如果一个猎人对于狩猎极其擅长，他一定会赢得部落里其他猎人的尊重。很多猎人会主动请求他传授经验，或者模仿他打猎时的举动、制造武器的方法。

在人类进化史中，"声望学习法"起到极其关键的作用。而"慕名""慕强"的心理也深深刻印在人类的基因里。到了现代商业社会，"名人效应"却逐渐衍生出"粉丝经济"，使得"消费主义"大行其道。只是，凡事过犹不及，过度的欲望反而埋下了不少隐患。

为什么我们喜欢在行为和用品上模仿名人？还因在这个光怪陆离的消费时代，越来越多的人喜欢以"消费及拥有的商品"来衡量自己的价值，来抬高自己的身份和地位。

衣食住行，无论哪一样和名人沾了边，我们心里便沾沾自喜。仿佛穿上了名人代言的衣服，用上了名人推荐的化妆品，买到了名人设计的奇贵无比的限量版高跟鞋，我们也能变得和他们一样有名，我们的人生也就此变得卓尔不凡、格外精致有品位起来。

另外，商家的推波助澜也使得社会风气越来越浮躁。一则则夺人眼球的广告和新鲜别致的宣传语无一不在宣扬："买吧，买了才能跻身上流社会""买了就能过上名人一样的生活"……种种促销手段刺激着人们的感官，释放着人们的欲望，甚至催生了"拜物教"。

难怪作家梁文道会感叹道："生命成了一趟购物之旅。"其实，为了过上更好的生活去购买那些优质商品，去追逐那些精致的设计，都是很正常的事。可若任由"名人效应"撩拨、刺激着物质欲望向着病态的方向发展，事情却变得不妙了起来。

越是跟随在名人身后不加节制地消费，越觉得痛苦、无力，只因渴望拥有的那么多，已经拥有的、能拥有的却寥寥无几。外界的喧嚣与内心的欲望逼迫着我们跪倒在虚荣心面前，为那虚无的快感疲于奔命。似乎生活中除了消费，剩余的都苍白得一无是处。

膜拜名人之前，这样告诉自己："想要过上光鲜的生活，变得和他们一样优秀，就去学习他们身上那股向上攀登、拼搏的精神。"屈从于"消费主义"，只会消解你生命的意义。吃的、穿的和名人一样，并不能代表什么，所谓的"潮流"更无法为你的前程增添光彩。

5
"断舍离"：化解人类物欲的死结

日剧《我的家里空无一物》的女主角麻衣从小住在一个拥挤的老房子里。各种零碎的物品被塞满房间、客厅和过道。长大后的她，亦延续着这样的生活习惯。

麻衣的房间乱得可怕，只因她消费起来毫不手软，喜欢什么通通往回买，需要或不需要的都舍不得丢。直到后来，麻衣经历了一次失恋。她待在拥挤的房间里，生平第一次感到压抑、无所适从。心烦意乱的她开始收拾起了屋子。凡是看不顺眼的物品，都直接扔掉：静静待在衣柜一角，从没穿过的衣服，扔掉；墙上的贴画、桌子上的玩偶，扔掉……

麻衣就此变成"扔东西狂魔"，奶奶和母亲一开始对此很不理解。后来，日本发生了大地震，麻衣一家及时抢救了一些生活物品，随后搬到临时居住的公寓里。那一天，母亲望着那些物品，不由感慨道："生活里真正必要的东西，原来只有这些啊。"

所谓"断舍离"，指的是不断清理自己的居住环境和自己所拥有的物品，果断扔掉自己不需要的或者已经丧失价值的物品，只保留生活必需品或对自己而言重要的东西。

"断舍离"创始人山下英子言简意赅道："断"，指的是断绝不需要的东西；"舍"指的是舍弃家中多余的废物。不断重复这样的过程，你最终会达到"离"的状态：脱离物欲的束缚，从喧嚣拥挤的现实世界中打开一道心门，就此走向清净敞亮的精神世界。

很多人将"断舍离"肤浅地理解为"扔东西"、打扫房间。每每在实施"断舍离"的时候心里都会涌起这样的感叹："好可惜""买来的时候花了不少钱呢""还能用呢，真的要扔吗"……这其实是搞错了"断舍离"的重点，我们要舍弃的并不是物品，而是内心多余的杂念和欲望。不要问自己"还能不能用"，问自己"究竟适不适合我"。

对于当下不需要的东西，就请果断地放手。经历了这样的训练后，你会发现自己的居住环境变得越来越清爽利落。内心也变得轻松舒畅，整个人由内到外焕然一新。

山下英子说，多年来她一直在做以"断舍离"为主题的讲座，亲眼看见很多学员的人生因此发生巨变。有的人辞职换了新工作，有的搬了新家，有的离婚再结婚。当他们将"断舍离"奉为人生信条，坚定不移地去执行之后，内心封存的力量仿佛都被释放了出来。

定期丢弃、极度削减，变成了他们的生活方式之一。正因如此，很多人挣脱了物质欲望的束缚和消费主义的陷阱，将注意力更多地放在了真正值得珍惜的人与事上。这使得他们的感官越发敏锐，心绪越发平静，哪怕面临两难的选择，也能果断做出决定。

《我决定简单地生活》一书的作者佐佐木典士是极其坚定的"断舍离主义"的拥护者。他曾表达过这样的观点："这个世界上所有人一生下来就没有拥有任何物品，所以每一个人刚出生时都是极简主义者。其实，我们是拿自己的自由去交换不必要的杂物。"

佐佐木典士的家中原本堆满杂物，他很享受购买时的快感。结果每次下班回到家，他都要小心翼翼地绕过那些物品，盘踞在书桌前。有一次他决定搬家，结果因为家中物品太多，他不得不耗光积蓄支付了一大笔运费。女朋友觉得跟他在一起看不到未来，一气之下向他提了分手。那段时间，佐佐木典士掉入了人生谷底，过得极其颓废。

最绝望的时候，佐佐木典士突然意识到，真正充实的人生根本不需要这么多附属品。就这样，他过上了"丢丢丢"的极简主义生活。而他的心态也在这一过程中发生了微妙的转

变。他变得更加积极、乐观，变得更懂得珍惜。哪怕遭遇挫折，他也能心怀感激。

那两年，他有了更多时间同家人、朋友聚会。一个人待着时，他也能更专注地读书、写作，丰富自己。就这样默默努力着，他从一个无名小编逆袭成副主编。

"断舍离"，堪称一场斩断欲望、脱离执念的修行。或许，一开始在执行"断舍离"的时候，我们无法做到像麻衣、山下英子及佐佐木典士那般洒脱、笃定。但我们却可以通过实际行动一步步摆脱对物品的执念，摆脱过剩的欲望，让自己的生活变得更有质感。

不妨从整理你的背包开始。扔掉纠缠在一起的手机线、很难用到的名片、广告宣传页，只装入日常所需。之后，整理你的衣柜。留下最适合最喜欢的衣服、鞋包，通过各种渠道处理掉那些不适合你的，或者只穿过一两次却舍不得扔的衣物。

最后，扩大范围，审视整个家。但凡占用了家庭空间却并没有发挥出应有作用的鸡肋物品，不要犹豫，将其果断处理掉。一次次重复这样的行动，直到家里变得清爽、干净。

最重要的是，购物的时候更加谨慎，不要想着"总有一天会用上"。当下不需要的话，坚决不买。或者添置了新的物品，就扔掉一件旧的物品，让总量保持不变。

从舍弃物欲开始，整理自己的内心世界。扔掉那些不安的情绪、伤心的回忆，离开糟糕的环境。于是，我们有了更多的心灵空间去承载新鲜事物，生活也变得越发舒适顺畅。

6
管控不住物质消费的人，毅力都很差

某网友在网上的发言曾引来很大争议，她说："一个女人一辈子要拥有这几样东西：手表、项链、豪车、别墅、有钱的老公。"一位微博大V却回复说："管控不住物欲的女人，就算嫁了有钱的老公也管控不了自己的人生。因为这样的人太没有毅力了。"

追求享乐无可厚非，因为这是人的本性。追求物质固然能提高我们的生活质量，让我们活得更方便、光鲜、滋润，但过度沉迷于物欲，却反映出一个深层次的问题：只因意志力太过薄弱才容易"外役于物"，不及时"悬崖勒马"，哪怕抓着一手好牌，也容易打烂。

2017年，一则名为"女子沉迷购物生活被毁"的新闻引发了很多人的关注。新闻女主角陈某自述说，她快30岁了，无房无车无积蓄，工作不稳定，和男友之间的感情也亮起红灯。毕业于名牌大学的她刚毕业就进入一家大公司工作，起点不算低。之所以过得越来越差，是因为她物欲很强，花起钱来毫无底线，男友因此对她越来越不满。

她慌神了，下决心要戒掉购物瘾。她足足忍了好几个月没有买东西，平时连超市都不敢进去。结果到了下半年，她心里又开始痒痒的。双十一到了，手机上、地铁广告牌上，周围到处都是促销信息，她一下就崩溃了，结果又刷爆信用卡买了很多化妆品……

观察你身边那些控制不住物欲消费的人，是不是大多毅力都很差？他们总在朋友圈里立志，结果没过两天便主动破除誓言，一次次被现实打脸；他们动不动就给自己列一份梦想清单或者职业晋升计划，却总是三分钟热度，很难完整地去实施。

他们控制不住物欲，也很难戒除得了食欲、情欲，等等。有的人连职业操守也很难坚守得住。尽管他们起点未必差，甚至于很高，却常常"误入歧途"。正是缺少自控力，令他们的人生境遇每况愈下。依据心理学理论，人的自我控制水平可以分为五个层次：

原始冲动型。情绪和行动都无法自如控制，在欲望面前常常处于一种本能冲动中。

顾忌冲动型。外界施压时，能稍稍约束一下自己的言行举止，抑制欲望。

被动控制型。具有一定的自我控制能力，但必须处于外界监督、施压的情况下。

自主控制型。拥有强大的意志力，主动拒绝诱惑，主动控制自己的欲望。

从心所欲型。自我控制仿佛是一件再自然不过的事情，完全出于本能、本心。

很多成功的企业家、社会精英都能达到自我控制的最高层次：从心所欲型。这样的人内心的满足感来自更高的事业及精神追求，而不是物质享受。拿脸书创始人扎克伯格来说，他生活极其简朴。因为不想浪费精力在穿衣打扮上，他每天都穿同一种灰色的衬衫。

身为苹果创始人之一的乔布斯也是一个拥有强大毅力的人。据知情人说，他家里只有一张床垫、一把椅子，一盏灯，一张爱因斯坦和马哈拉杰·吉的照片，除此外，空空如也。像乔布斯这样心性坚韧的人。不会控制不住自己的物质消费的欲望。

而我们身边那些优秀的人大多能做到自主控制欲望，最次也能做到被动控制欲望。老子说："不可见欲，使民心不乱。"洪应明言："胸无物欲，眼自空明。"物质追求和享受对于那些意志薄弱者来说，无异于陷阱、深渊，更是他们成功路上的绊脚石。

意志薄弱的人一旦在欲望面前举起了"白旗"，就会越陷越深，直至无可挽回。而对于那些真正优秀的人来说，物质享受是锦上添花的事，却并不是生活的唯一目的。物欲对于他们而言是考验。先成功抵御了这些考验，才有底气去迎接命运赐予的更大的挑战。

知乎上，有网友曾分享自己磨炼意志、抵抗欲望的方法——多读书，少看连续剧。她说，如今热播的电视剧最受人们关注的，往往是剧中人物的穿着打扮。在电视剧上花费的时间越多，人的心就越浮躁。还不如将时间节省下来，通过读书去磨炼心性。

发表在《科学》杂志上的一篇文章介绍说，心理学家戴维·科默·基德挑选了 1000 名实验对象，并安排他们分组阅读狄更斯等文学家的作品及其他文本，或者观看连续剧、电影。通过长期追踪调查，戴维·科默·基德发现那些保持良好阅读习惯的参与者拥有更高的耐性和自控力。

俞敏洪说，年轻人培养毅力之前先培养思考力、判断力和决断力。而这些都能通过阅读来实现。读更多的好书，意味着你的大脑一直处于更新状态中，不至于陷入思维陷阱而不自知。将阅读与实践结合起来，敦促自己逐渐脱离那种肤浅无序的生活状态。

在网上看到这样一句话："对物质的生活态度，决定了一个人的层次。"那些自愿成为物质奴隶的人，哪怕拥有再好的条件依旧过不好这一生。不断地增强毅力，从控制物欲开始，一点点管理好自己，如此才能给予自己最有底气、最有安全感的生活。

7
内心不依赖外物，便能获得自由

奥地利心理学家阿德勒生平最喜欢钓鱼。在钓鱼过程中，他发现了一个有趣的现象：鱼儿咬钩之后总会拼命地挣扎，结果越是挣扎鱼钩陷得越深，最后鱼儿彻底失去了自由。由此，阿德勒提出了一个名为"吞钩现象"的心理概念。对于现代人而言，无穷无尽的物欲便是这枚"鱼钩"。当它深深陷入心灵，你纵然负痛挣扎，也很难摆脱被束缚的命运。

一部日剧中有这样的情节：女主人公原本过着平淡、幸福的生活。可自从隔壁搬来新邻居后，她却变得格外焦躁，整天魂不守舍、坐立难安。原来，隔壁家那对夫妇过着十分奢侈的生活。他们但凡出现在人前，总是衣着昂贵，打扮得极其时髦精致。

尤其是那家的女主人，出入都是豪车接送，平时名牌包包不离手。女主人公看到这一切，突然自惭形秽起来。她心里涌起了无穷无尽的物质欲望。为了赶上邻居的优质生活，她一改平日的节俭作风，借钱买了很多奢侈品。为了满足自己的虚荣心，她特意请人来家里摆拍这些奢侈品。随后再将照片晒在网络上，享受着他人的点赞与评论。

当她像邻居一样穿上大牌服装、用上高档护肤品，那一刻她内心涌起无限快乐。只是，这快乐转瞬即逝，随之而来的是更大的焦虑、更多的痛苦。她渐渐发现，不知从何时起自己肩头背负上了沉甸甸的负担，一颗心再不复从前的简单、纯粹、自由。

《穿普拉达的女魔头》中有一句经典台词："自打你穿上那双吉米周的鞋，你的灵魂就已经被卖掉了。"对物欲的追求、对繁华世界的向往让我们有了前进的动力，可过剩的物欲却会给你带来情绪上的困扰。除此外，它还会纠缠你的思维，干扰你的判断，直至你做出错误的、足以后悔一生的选择。没有物欲拖累的心，才是轻盈的。没有物欲污染的灵魂，强大而美丽。当你把自由出卖给物欲恶魔时，便注定了日后的后悔不迭。

　　某作家曾批判物欲至上的"三宗罪"。在他看来，过多的物质欲望除了会限制个人的自由外，还会摧毁全体人类的前途。其罪之一在于浪费财富。沉湎于物欲追逐，会对经济社会的良性发展造成巨大隐患。在物欲的驱使下毫无节制地消耗自然资源，会造成人类生态危机。其罪之二在于腐蚀政治。纵欲横行、豪奢无比的古罗马帝国的败落恰恰证明了这一点。其罪之三在于懈怠精神、污染风气。所谓玩物必丧志。古往今来多少人迷失在光怪陆离的物质世界中，以至于信念全失、理想全无，从此活得蝇营狗苟、麻木不仁。

　　《老残游记·续集遗稿》留下这样的箴言："只是人心为物欲所蔽，失其灵明，如聋盲之不辨声色，非其本性使然。"唯有心灵免除了一切外物干扰，我们的生活才能随之浸浴在平和的气氛之中，不会因得到或者失去外在物品而痛苦抑郁、喜怒无常。而那些将自我情绪乃至人生的操控权都拱手让给物欲恶魔的人，却永远得不到内心真正的安宁与自由。禅师的话掷地有声，敲醒了在座弟子，也警醒了世人。生存在这个消费主义大行其道的社会中，我们总是一边拼命加班、工作，拿命换钱，一边却疯狂消费，不断购买那些华而不实的商品；我们总是在物欲得到满足的那一刹那陷入无聊与空虚，一面又千方百计地追求物质财富。面对不断膨胀的欲望，我们俯首称臣，最终变得面目全非。

思想家卢梭曾感叹道："10岁时被糖果俘虏，20岁被恋人俘虏，30岁被快乐俘虏，40岁被野心俘虏，50岁被贪婪俘虏。人到什么时候才能只追求睿智呢？"

在他看来，现代人内心不能清净、始终无法获得灵魂自由，是物欲太过浓盛所导致。正如被上了鼻环的牛，被牵到哪儿是哪儿，自己的心却始终做不了主宰。可惜的是，很多人却主动在鼻子上拴上一根"欲望之绳"，任由自己被物质欲望逗弄得团团转。

荀子说："君子役物，小人役于物。"拼命索取物质，占有物质，反而会被物质所奴役。要知道，我们的生命之舟根本载不动那生生不息的物质欲望。过于依赖外物，必会因无穷无尽的诱惑而迷茫仓皇，从此背离豁达的心境。想要还心灵以自由，就必须放下对物质的执着。

8

转移"兴奋点"，富足精神淡化物欲

"二战"时出现了很多战争遗孤。战争结束后，这些孩子有的被慈善机构收留，有的被一些好心的家庭收养。无论是慈善机构还是收养家庭，都为这些战争遗孤提供了良好的物质条件，吃穿用度都尽量地满足其所需。然而，一段时间后，那些生活在慈善机构的孩子却相继离开人世。原来，他们一直沉浸在战争阴影中，始终无法得到救赎。

而那些收养家庭的孩子却健康地长大成人，拥有了幸福的生活。明明慈善机构和收养家庭都提供了很好的生活条件，为什么那些孩子的命运却天差地别？

很多人不明白这背后到底发生了什么。一番调查分析后，相关心理学家给出这样的答案：相比奢侈的物质生活，这些孩子更需要的是充实而富足的精神世界。

很多人只有在购物的时候才能感受到快感，这是因为购物和其他让人兴奋的体验一样，都会刺激到大脑中多巴胺的释放。可是，当物质成为我们唯一的"兴奋点"的时候，我们的精神世界只会变得越来越贫瘠。对物质的渴望会让我们变得越来越肤浅。

有心理医师提出这样的观点：欲望很难控制，只能转移。聪明的人会将"兴奋点"从肤浅的物欲体验转移到层次复杂而深邃的精神体验上。当他们越来越注重精神享受的时候，其思想品位和人生境界也变得越来越超凡，整个生命都蜕变出不一样的色彩。

在现今有些人迷醉而不知醒悟。锦衣华服包裹着一颗苍白的心灵，灯红酒绿越发折射出他们骨子里的迷茫与空虚。随着所拥有的物质越来越丰富，他们的精神高地却日渐荒芜。殊不知，只有精神上的富足才能代表真正的富足。

美国曾兴起一场"Fire运动"。追随者们对物质欲望深恶痛绝。他们通过拼命降低物质欲望的方式来积攒生活费。梦想着在30岁的时候能早早退休，过着不用出卖时间来换取金钱的生活。这场运动中，很多人之所以能坚持下去，正在于他们将自我对物质的渴望转移到了对精神世界的追求上。慢慢地，消费主义被彻底驱逐出了他们的生活。

高晓松曾谈及自己游览丹麦和瑞典等北欧国家的感想。他说那儿的人们不在乎物质享受，也很少谈论金钱、名利等话题。绝大部分北欧人穿着朴素，开着旧车，一日三餐都很简单。每晚 7 点后，街道上通常安安静静，没有繁华都市里人们习以为常的夜生活。

大家的消费欲望都很低，心态十分平和。平时，他们着迷于各式各样的户外体验，对大自然的馈赠感恩无比。与物质享受相比，北欧人显然更注重精神品质。

作家梭罗通过《瓦尔登湖》这篇文章传达出一个观点：唯有富足的精神才能摆脱无止境物质追求的绝望生活。那么，如何让自己的精神世界变得更为充盈而富足？

拥有较高精神境界的人，通常有着个人独特的兴趣爱好。相关专家提出，真正的兴趣需要符合三大标准："乐在其中""能够提升自我""愿意持续投入"。

有研究者曾开展一项有关"兴趣"的调查报告，结果显示：95% 的中国人认为自己拥有兴趣，但只有 14% 的人达到"乐在其中"等标准。未满足这三大标准的人数占了 81%。

由此可见，大多数人都是没有自己的真正兴趣爱好的。他们争名夺利，不过是在追随其他人的脚步。只是，拥有再多光鲜的物品，也无法掩饰他们精神上的苍白与贫瘠。想要富

足精神，不妨多多培养几个无关于利益、无关于金钱的爱好，以此来充实自己的内心世界。

想要富足自我精神，就要与那些乐观积极、层次较高的人在一起。人毕竟是社会性动物，唯有保持良好的人际交往才能保证情感健康发展。心理学家罗宾·邓巴在经过多次试验后，得出一个结论：人们身处不同的社交团体，会受到不同的影响。一个有着和谐社交氛围的团队会让人变得积极乐观；反之却会让人误入歧途，从此堕入深渊。

与物欲浓盛、贪慕虚荣的人在一起，久而久之，我们也会变得无比虚荣起来。与洁身自好、拥有较高精神境界的人在一起，我们的眼界与格局却会变得越来越开阔。

当然，物欲本身并不是丑陋的。物质享受能让我们过上更舒适更便捷的生活，对物质的追求本身无可厚非。可过度的物质欲望却能操控人心，令人做出很多疯狂而丑陋的事情。我们要做的，是将注意力适当转移，在物质享受与精神享受中达到平衡。

几年前，某大学挂出这样一条横幅："我做高富帅，高在学识，富在精神，帅在行动；我做白富美，白在品行，富在内涵，美在心灵。"人生最大的幸福和快乐不是取决于拥有多少财富，而是取决于内心的态度、精神和灵魂。精神世界的充实比物质享受要重要得多。那些丢失信仰、心灵贫困的人只会陷入物欲的深渊，彻底迷失人生的方向。

第四章　迷恋感官刺激的欲望，腐蚀了你的理智

1
为什么你离不开抖音

你是否也对抖音欲罢不能？只要一有时间就打开抖音，边刷边笑。上班的时候偷偷刷，下班的时候躺着刷，和女友约会的时候也要边说情话边捧着手机……

环顾四周，遍地都是"低头族"，太多人对抖音上了瘾。那些最长不过十几秒的小视频，带来很多新鲜好玩的视觉刺激。也许一开始你只是被一只萌宠所吸引，可越来越多的搞笑视频让你的手指刷得停不下来。不知不觉中，时间一去不复返。

心理学博士亚当·阿尔特说，一切带给人感官刺激的娱乐产品，如直播、游戏、八卦等，能像毒品一样，让人沉迷其中难以戒除。而从心理学的角度来说，上瘾至少得满足两个基本条件：带给人快感，能让人逃避痛苦。很多人玩抖音时，总会找理由放纵自己"再刷一会儿"。而快速刷抖音的同时，大脑中的多巴胺瞬间激增。惊喜，正是大脑想要的。

"刷抖音——被新鲜刺激的内容吸引——内心弥漫着愉悦感——满怀期待继续刷"，这就形成了一个特殊的学习回路，慢慢又会形成"行为上瘾"。

亚当·阿尔特在其著作《欲罢不能：刷屏时代如何摆脱行为上瘾》中逐一列出行为上瘾的构成要素，包括"极其诱人的目标；无法预知的积极反馈；越来越有挑战性的任务；逐渐改善的感觉；无与伦比的刺激、紧张感；强大的社会联系"。

抖音和其他娱乐产品背后，都有着强大专业的团队。那些针对大众心理"软肋"设计的产品会不断地刺激你的神经，让你不择手段、不计后果地去攫取快感。

可是，你别忘了，商家设计出这些娱乐产品唯一的目的就是挣钱。如果你习惯了这种低成本、高回报的刺激，毫无原则地臣服于感官欲望的诱惑，便很难去做一些看起来"无聊"却对人生真正有帮助的事情。比如，脚踏实地地工作、学习，辛苦地去健身锻炼等。

电影《美丽新世界》中描述的未来世界令人感到恐惧。政府使用一种名为"唆麻"的毒品去安抚普通公民。一旦发生大规模骚动，只需将"唆麻"变成蒸汽吸剂，暴动便很快平息下来。人们沉迷于快感中，懒得去思考、进步，对自然风光、四季变化亦视而不见。

可怕的是，如今的抖音、快手、王者荣耀等娱乐产品完全能够产生"唆麻"一样的功效。它们吸引了你几乎所有的注意力，只要打开手机，就能见缝插针地让自己"爽一爽"。这样的你，和那些靠吸毒来满足欲望、逃避生活的人，又有什么区别呢？

社会学家芭芭拉经过长达 8 年的研究，得出一个结论：越是处于底层的人，越容易沉醉于感官享乐的欲望，如肥皂剧、电子游戏、毒品等。而那些处于高层次的人，却能轻松摆脱欲望的束缚，倾向于寻找一种或多种补充型的方式来寻求快乐，比如学习、阅读等。

抖音、快手、今日头条等让你快乐的阈值不断增高，也让社会阶层之间的固化加速定型。就在你嘻嘻哈哈地过日子的时候，你与他人之间的差距不知不觉地被拉开。

有句话说得好："不懂得利用好时间，你如何过得好这一生？"而这些道理很多人不是不懂，只是一进入光怪陆离的网络世界，玩着玩着便忘了时间、丢了初心。

想要摆脱感官享乐的欲望，就一定要有冲破生活惯性的勇气。很多人靠惯性活着，每天做着同样的工作，玩着同样的游戏，一日日重复着昨日的生活。有心理学家研究发现，孩童的快乐简单而炙热，是因为他们愿意探索未知，让自己的生活充满变数。

而成人之所以越过越不快乐，是因为我们习惯了一种生活模式后便不敢折腾，懒得动弹。所以越来越多的人将寻求快乐的希望寄托于低成本的感官享乐上。

要有不依靠惯性活着的决心，先从尝试改变自己的娱乐方式开始。生活中寻求趣味的方式大致分为两种：补充和消耗。前者有玩抖音、打游戏等。后者有运动、读书等。

最好变消耗为补充。补充型趣味能带给我们的，绝不是哈哈大乐那么简单。比如，村上春树在跑步中获得无限的快乐。跑步锻炼了他的体力和持久力，让他获得写作的灵感。

《中华诗词大会》上击败北大硕士一举夺冠的"外卖小哥"

雷海为便是冲破惯性的代表。

自 23 岁在书店看到一本《诗词写作必读》后，他的生活发生了翻天覆地的变化。别人在玩手机、刷抖音，他却躲在一旁一首接一首地背起了诗词，如饥似渴。别人在呼呼大睡，他却挑灯夜战，抓紧时间了解诗词的写作背景、鉴赏知识……

雷海为迷上诗词，并没有什么特殊目的，只是在寻求快乐而已。只是，别人用抖音来满足自己，他用的却是诗词。可这份爱好却让他跨越了阶层，迎来了属于他的辉煌时刻。

沉迷于抖音的人，大多是在遵从本能。越是这样的人，就越追求感官快感，越会不设置底线地满足自己的欲望。迟早有一天，他们的欲望会膨胀到无法驾驭的地步。

你要咬紧牙关，同自己的本能做斗争。有一些小技巧可以帮助你战胜本能，有效远离"抖音上瘾症"，比如，关掉抖音推送；刷抖音等 APP 之前，先设置好倒计时提醒器等。

那些低级趣味和短暂的舒适，其实是在透支未来。毫无自控地放纵，只会让自己的人生偏离正轨。长此以往，你的肉体或许还活着，但思维却会被永久困在欲望的樊笼里。

2
为什么说出轨只有0次和100次的区别

一位作家说："现在大多数的出轨，不是出轨，是出轨癖，是一种病症心理。"不要指望一个在感官享乐中泥足深陷的人会珍惜爱情，那些出轨成癖的人大多无法回头。

电视剧《恋爱先生》中，公司高管宋宁宇在飞机上偶遇女孩罗玥。罗玥的活泼与美丽深深吸引了宋宁宇，令他的心蠢蠢欲动。为了追求罗玥，宋宁宇想出种种浪漫花招。

结果罗玥也被宋宁宇的绅士风度所吸引，义无反顾地陷入了爱情中。事实上，宋宁宇并不是她以为的黄金单身汉，他早已与别的女人许下婚姻的承诺。最终，宋宁宇的发妻顾瑶发现了宋宁宇出轨的证据，这伤透了她的心。她最终将他赶出了家门。

宋宁宇想要挽回二人的婚姻，于是去寻求婚姻专家的帮助。顾瑶对此却表现得很冷漠。原来，这并不是宋宁宇第一次出轨。他背叛妻子欺骗罗玥，在外面还有别的情人。多次受伤的顾瑶早已看透了这一切，心灰意懒的她决绝地拿下了手上的戒指……

婚外情曾两次被写进《圣经》的戒律中。有人说，婚外情与婚姻同日诞生，它比婚姻更顽强坚韧。柯依瑟尔等人是《爱、欲望、出轨的哲学》一书的联名作者，在他们看来，出轨堪称人类社会的常态，乃至于整个人类史就是一部出轨史。无论处于社会的哪一层级，无论受过怎样的教育，无论当时社会有着怎样的道德、宗教及法律规范，总有人会出轨。

背叛爱情，当然是一种很伤人的做法。但出轨成癖的人控制不住自己的原因，被刻印在了"遗传密码"里。相关专家分析道，出轨是一种远古的动物性本能。拿天鹅、鸳鸯来说，虽然这些动物在人类眼里是美好爱情的象征，但它们天生不是忠于伴侣的物种。

一个瑞典研究团队以 500 对与伴侣结婚或同居超过 5 年的成年男性双胞胎为研究对象，分别检测了他们大脑中的 *AVPR1a* 基因。结果显示，携带 *AVPR1a* 基因变异副本的男性对伴侣表现出较低的忠诚度。未携带该基因变异副本的男性，婚姻出现问题的概率却只有 15%。

来自宾汉顿大学的贾斯汀·加西亚及其团队通过一系列研究发现，部分人携带的一个名为 DRD4 的多巴胺受体基因，直接影响了人的滥情程度。虽然携带滥交型 DRD4 的人并不一定会出轨，可是，一旦他们抵受不住情欲的诱惑，就会滑入欲望的深渊。

部分出轨者被"抓包"后，会显得十分羞愧，祈求伴侣再给自己一次机会。然而，出轨后真的能浪子回头吗？美国丹佛大学前两年的一项研究给出了答案：很难。

研究显示，在感情中出轨的人，再次产生婚外情的概率比其他人足足高出 3 倍。曾遭受伴侣背叛的人，受到新伴侣出轨伤害的可能性是其他人的 2 倍。而那些曾怀疑伴侣出轨的人，在开展一段新的感情后，继续怀疑伴侣的可能性是其他人的 4 倍。

塞万提斯曾写道："情欲只求取乐，欢乐之后，欲念消退，所谓爱情也就完了。"经历过出轨的人，无论是受害方还是加害者，这辈子都可能活在阴影中。

伦敦政治经济学院的演化心理学家金泽智博士提出一个

有趣的观点：一个男子越聪明，越不可能背叛伴侣。在金泽智博士看来，一个人会选择低级的情欲满足，还是高级的精神追求，与智力水平息息相关。依照这一理论，现代社会中那些无法抵御情欲诱惑、一再屈从于原始欲望的人不仅有着很差的自控力，亦存在智力上的缺陷。

虽然出轨是人类的天性，但这并不意味着我们一定要服从本能，就此在欲望中沉沦。你要明白，在爱情里克己慎独、洁身自好的人，才能体会到爱的真谛，享受到真正的幸福。而那些玩弄感情的人，一定会被感情所玩弄，最后落得一个孤家寡人的下场。

感情里时刻反省自己，是克制欲望的好方法。可惜的是，有些爱出轨的人纵使在感情上有了污点，也从不主动去反省自己，反而找出种种借口来避重就轻地美化、掩盖自己的行为。面对出轨成癖还满口谎言的伴侣，想法挽回或傻傻等待还不如及早抽身。

需要注意的是，感情有了裂痕，情欲的诱惑难免会乘虚而入。两性关系中，懂得包容信任伴侣，全心全意地为其付出很重要。一方面，这增加了对方出轨可能带来的损失，在认知和情感上令对方意识到出轨具有极大风险。这样一来，伴侣出轨的可能性将被极大压缩。另一方面，这是保鲜爱情的秘诀，伴侣会更珍惜感情，主动去约束自己的行为。

爱恋与依赖远远不足以构成一份成熟的爱情，它还包括担当与责任。在诱惑面前，一定要把持住自己。正如作家麦家所言："你要懂得，什么欲望是有害的、必须把它从内心清除出去的。"面对出轨成癖的伴侣，如果对方已经将灵魂出卖给了欲望，又何必陪着他在这虚假的感情中耗下去？不如潇洒地离开，并整理好自己，自信地迎接真正属于你的爱情。

3
开心不开心都想吃东西，
你需要警惕自己的暴饮暴食了

日剧《非正常死亡》中，女主角有一句经典台词："有时间绝望，还不如去吃美食然后睡个觉。"如此洒脱的心态令人羡慕。但在生活中，很多人却将其当成借口，以"犒劳自己"的名义暴饮暴食。工作上受到表扬很开心，吃顿美食庆祝庆祝；加班太累了，必须吃顿大餐安慰安慰自己；好不容易等来了假期，得用零食来放松心情……

我们能找到千千万万个理由给自己加餐，即使已经撑得走不动路，依旧抵受不住美食的诱惑。心理专家却提醒道，如果你的饮食行为与情绪息息相关，一定要提高警惕。

开心不开心都想往嘴里塞满食物，表面上看是败给了食欲，背后的原因却鲜有人知。这其实是一种"情绪化进食"。受到情绪冲击的时候，在无法正确识别、理解和调节自身情绪的情况下，很多人会选择用食物来转移注意力，以抵消内心深处的不舒服感。

《欢乐颂》中有这样一幕：邱莹莹回到屋中，发现樊胜美坐在沙发上，大口大口地吞咽着奶油蛋糕。她面前的桌子上，摆满了蛋糕、烤串、炸鸡等各种食物和啤酒。

然而，樊胜美的眼圈却红红的，整个人状态很脆弱。原来，她在遭受了来自现实的一系列暴击后，无法化解情绪，便选择了用平时根本不吃的"垃圾食品"来安慰自己。

也许，你也有过这样的时刻：寂寞无聊的时候，独自吃下一锅炒饭，灌下一大桶可乐；感到沮丧时，不停地吃甜食，想要用填满胃的方式去填补内心的空虚……

根据 2019 年塞勒姆出版社《健康百科全书》上公布的数据可知，80% 的美国女性肥胖者都存在"情绪化进食"的情况。开心的时候想用美食犒劳自己，无聊的时候用零食打发时间，生活中这些情况都很普遍。但更典型的是，当人们感受到紧张、愤怒、沮丧等负面情绪，或者无法承受压力时，更易被激发出"情绪化进食"行为。

BBC 纪录片《完美的饮食》招集了 75 名身材过胖的志愿者。实验人员将志愿者分为两个小组："情绪化进食"组；"非情绪化进食"组。随即，志愿者们被安排参加了一次模拟测试：分别让他们处于充满压力的环境中。测试结束后，志愿者们进入餐厅吃饭。

实验人员观察到，经受过同样的压力后，"情绪化进食者"会比"非情绪化进食者"吃得更多。而且，前者会对高热量的食物更渴望，更无法抗拒。比如巧克力、薯片等。

相关实验人员这样描述"情绪化进食者"："他们在情绪激动或紧张时就会吃东西，压力之后用吃来奖励自己。"实验结果也表明，如果一个人长期用暴饮暴食的方式去逃避自身的情绪问题，慢慢就会发展为"情绪化进食"。这与购物成瘾、毒瘾一样，同样会令人们的身心遭受重创。肥胖还是小事，"情绪化进食"能造成的更严重的后果是"暴食症"。

有相关研究称，美国至少有 400 万成人都在遭受"暴食症"的困扰。根据网络数据可知，我国暴食症患者的比例在 1% 左右。当然这个数字至今无法确认。只因大部分"暴食症"患者都会隐匿自己的行为，羞于在他人面前提起这一病症。

音乐巨星艾尔顿·约翰向公众坦诚，自己曾陷入"暴食症"的折磨中难以解脱。罹患"暴食症"的那一时期，正是他人生中的低谷期。每当他无法消散内心沮丧、不安的情绪时，就会克制不住地想要吃东西。比萨、苹果派、三明治，什么热量高就吃什么。每一次，他都会吃到胃里塞满食物，直至忍受不住直接吐出来。幸好，他最终克服了对食物的依赖。

而那些始终无法从"暴食症"阴影中走出的人，生活会变得越来越失控。严重的甚至会导致死亡。上海市精神卫生中心进食障碍诊治中心负责人这样介绍说："进食障碍在精神科属于小病种，却是精神障碍中致死率最高的一种，死亡率高达 5%~15%。"

苏轼说："口腹之欲，何穷之有。每加节俭，亦是惜福延寿之道。"屈服于口腹之欲，是人生堕落的开始。为了降低自

己暴饮暴食的可能性，不妨从日常小事做起。

比如，日常购物时，切记不要将热量过高又毫无营养的垃圾食品放入购物车中。在冰箱里放入一些健康食品，同时保证家里没有垃圾食品。

尽量不要让自己的身体处于饥肠辘辘或过度疲乏的状态中，这种情况下，最容易发生暴饮暴食的行为。保证一日三餐吃得营养、均衡。若想要减肥，最好采取少量多餐的形式。而且，平时最好保证充足的睡眠，这能让我们保持丰沛的精力去抵抗食欲困扰。

如果你已经出现了"情绪化进食"行为，最好学会与自身情绪和谐相处。情绪来临时，好好感受，尝试着去辨别情绪类型。在这一过程中，不断给予自己正面积极的心理暗示。若压力过大不堪重负，最好选择合适的方式去宣泄情绪。比如，与家人、朋友倾诉等。

"吃"与"心情不好"之间的关联越是紧密而强烈，你越是无法抗拒胡吃海喝的欲望。你要学会驾驭自身情绪，慢慢培养健康饮食的好习惯，如此，人生之路才会越走越顺利。

4

熬夜快感的背后，是你在报复白天偷的懒

近几年社交平台上总是流传着这样的新闻：

"某年轻男子通宵打游戏后突然倒地。"

"每天只睡 4 小时，某 90 后深夜猝死！"

"毫无征兆男子体内一大半血流光，医生：熬夜熬的。"

……

很多"猝死"背后的原因，都在于"纵欲过度"。在那些能满足感官享乐的东西面前，比如，网络游戏、抖音视频、各种消遣性的小说、肥皂剧等，很多年轻人毫无自制力。于是，他们总是在深夜顶着大大的黑眼圈，肆意沉迷在熬夜的快感中，越来越无法自拔。

然而，纵欲的后果却是你我无法承受的。奔腾的欲望蚕食着我们的理智，令你的人生偏离既定的轨道，自此迈入万劫不复的境地。甚至有人断言说："未来社会大部分人，都会沉醉在感官快感中无法自拔。他们放纵着欲望，像蛆一样地活得丑陋、扭曲。"

根据中国医师协会睡眠医学专业委员会发布的《2018 年中国睡眠指数报告》可知，国人平均睡眠时长由 8.8 小时降至 6.5 小时，降幅达到 35%。有 3/4 的 90 后习惯在晚上 11 点后入睡，1/3 习惯在凌晨 1 点入睡。年轻人熬夜，仿佛已经成为一种流行趋势。

熬夜给予我们的快感，其实是一味"慢性毒药"，是一种变相的自我折磨与报复。知乎上有一个很火的问题："成年人熬夜的快感，本质是什么？"

有人回答说："有人穷久了，突然富起来，就会跟《西虹市首富》里的王多鱼一样报复性消费。我们也如此，白天时

间被别人占得多了，晚上就报复性熬夜。"

问题是，我们熬夜大部分不是因为工作，而是因为玩手机、玩游戏成瘾。根据《2019 年中国睡眠指数报告》可知，70 后最爱睡前看书，80 后最爱失眠，90 后睡得最晚。60% 以上的 90 后觉得自己睡眠不足，却又沉溺于现状，不知该如何改变。

95 后大学生成为"最缺觉一代"。他们欲罢不能地一晚又一晚地熬着最长的夜，却只是在通过熬夜"吃鸡"，甚至通宵喝酒来释放压力。这些年轻人"总在熬夜的愉悦感和白天的负罪感之间徘徊"，他们沉迷于感官享乐中，身体越来越虚弱，精神越来越颓丧。

另一些人美其名曰熬夜加班，实质上是在报复白天偷的懒。他们白天在公司无所事事地消磨时间，要么捧着手机反复刷新朋友圈，要么偷偷点开娱乐网页，将购物网站、情感论坛来回逛个遍。晚上回家后，他们心事重重地开始了又一轮的挑灯夜战。打开文档前恨不得"诏告天下"自己正在加班，还没工作半小时又正大光明地看起了搞笑小视频。还有一类人喜欢将所有工作任务都堆积到最后一天熬夜完成，最后的成果却拙劣无比。

那些持续熬夜的职场人，白天面对工作时往往兴致寥寥，哈欠不断。他们的精神越来越难以集中，思维也越来越僵化，最后根本无法高质地完成工作内容。

有人说："我们熬的不是夜，而是命。"通过不停熬夜来满足自己的享乐欲望，是对自己极大的伤害。熬着熬着，你的记忆力大幅度衰退，你的学习能力明显下降；你的内分泌系统逐渐紊乱，免疫力降低，罹患心脏疾病、癌症的概率显著增加……

深夜来临时，我们不舍得关掉电脑，不愿意放下手机，不停地用娱乐来麻痹自己。是因为我们没有勇气和今天的自己说再见，更没有信心迎接新的一天的到来。殊不知，熬着熬着，我们在欲望面前自制力越来越差；熬着熬着，我们的生活变得越来越糟糕。

聪明的人却从来不熬夜，他们深知睡眠其实是大脑清理垃圾的过程。唯有拒绝感官享乐，保持规律的作息，才能更好地完成学习和工作，活出精彩的人生。

比如，福建的一位"学霸"坦言，高一到高二两年时间里，她基本晚上9点之前复习完所有的功课，然后准时入睡。到了高三，她才推迟到每日10点入睡。这样每一天她都能以良好的精神状态去应对学习。靠着不熬夜，她最终在高考中大放异彩。

村上春树曾强调说："当你做一项长期工作时，规律性有极大的意义。"想要合理地安排自己的生活，先从改变自己的坏习惯入手。白天工作时，最好将手机放在离自己远远的地方，或者干脆关机。集中注意力去处理工作上的难题，一时思维不畅的时候不妨眺望窗外，或起身走走，而不要去刷手机。要知道你所谓的"随便刷刷"，背后浪费的可能是好几小时的时间。充分利用所有的工作时间，尽量在白天处理好所有的

工作，而不要拖延。

临睡前远离一切娱乐 APP，看一会儿纸质书，或者冥想 20 分钟。泡个脚或者喝一小杯热牛奶，让身心得以放松，到点了就准时休息。唯有清心寡欲，并养成这样早睡早起的好习惯，才能精力充沛地应对前方路途中的一切挑战。

5
为了出名不惜抹黑自己的人是什么心理

2019 年，很多网友发现，网红"凤姐"的微博和头条账号被注销一空。有人拍手叫好道："这一天来得有些晚，因为凤姐引起全民公愤已经不是一次两次了。"

有人分析说，凤姐之所以用如此过分、无耻的言论去伤害国人感情，并特意给自己树立一个"漠视生命消费灾难""愚蠢""冷血"的形象，无外乎是为了成名、博出位。其实，早年间凤姐就是靠频频抹黑自己才一举成名。如今的她，为了继续维持名气和流量，不断在微博上发表各种出格的言论。

百度问答上有这样一个问题："为了出名不惜抹黑自己的人是什么心理？"答案形形色色："存在一种侥幸的心理，觉得只要自己不顾形象地抹黑自己就可以获得关注度""没有什么礼义廉耻，不在乎别人的看法，只要出名就可以了"……

现今时代里，人们的成名欲望越来越喧嚣。在专业心理医师看来，那些为了"红"不惜贬低自己、黑化自身形象的人，其实内心深处极度缺乏安全感。他们的自我存在感及成就感低下，才不择手段地追求存在感。当他们通过哗众取宠的手段得到了梦寐以求的关注度时，会觉得无比满足、快乐。这种感觉像吸毒一样，让他们欲罢不能。

弗洛伊德曾说："任何人所做的事情都来源于两种动机，那就是性冲动和成为伟人的欲望。"美国著名的哲学家杜威教授的观点略有不同，他认为"得到重视的欲望"对人影响更大。他说："人类的天性中最深层的欲望是'显要感'，也就是渴望成为重要人物。"

越是自卑敏感且成长过程中存在感卑微的人，越是对自我的"显要感"有着刻骨的执念。一旦他们发现不顾形象地抹黑自己能换来笑声和掌声，他们就会抛弃廉耻、无所顾忌地走上这条错误的成名之路。当他们的价值观全面歪曲败坏，就会完全失去底线。

为了出名不惜抹黑自己的背后，还有一层重要原因。在这个娱乐至上的时代，很多人只想赚快钱。而成名意味着源源不断的利益和层出不穷的物质享受。在感官享乐欲望的驱使下，他们说起话来无比"雷人"，做起事来颠三倒四，可笑、可悲得像小丑。

比如，各类网络直播平台上的网红，为了迎合粉丝的低级趣味，他们频频发表粗俗、下流的言论，要么发一些挑战社会公序良俗的大尺度自拍，要么炮制一些令人反感的自黑视频，甚至不惜策划新闻事件，传播假消息，这种逾越法律底

线的行为必将受到严惩。

各种 APP、短视频，包括选秀节目的红火与流行，让越来越多的年轻人迷失在浮华幻影里，终日做着一夜成名的美梦。年轻人渴望功成名就并不是坏事，可若将出名与成功之间画上等号，只看重出名的结果，不在意出名的手段及过程，问题便棘手了起来。

你若听从欲望魔鬼的唆使，一步步主动走入迷茫的深渊，注定会付出难以承受的代价。在公众场合哗众取宠博出位，轻则会给大众留下虚荣不靠谱的印象，失去身边所有人的信任；重则违犯法律锒铛入狱，彻底失去前途和自由。还有人为了出名不惜拿生命做赌注。

2019 年 7 月 28 日，3 名青年男女爬上广东梅州神光山脚下的铁轨。他们做此大胆举动，是为了拍视频发朋友圈，红了后就可以赚流量。三人爬上铁轨后，其中一对小情侣摆好 Pose（姿势），指导同行的另一名男子抓拍下他们"火车呼啸而过发梢飘起"的画面。

不远处，列车司机不断鸣笛示警，并采取制动，但这三个年轻人却丝毫不为所动。列车呼啸而过，那对情侣被巨大风力当场掀翻在地。民警赶到现场后，将受伤的二人送往医院治疗。这件事引来网友的群嘲："真是想火想疯了，不作不死！"

你要知道，就算你通过种种奇葩手段侥幸成名，你梦寐以求的风光与财富也可能稍纵即逝。真到了那个时候，永不知足的欲望会将折磨得你痛不欲生，盛名之下其实难受的感觉也会将你逼疯。越发急功近利的你，只会将人生越过越糟。

以成名为目标的梦想，并不值得被批判。其实这些年来不断有年轻人通过社交网络去展示才艺、传播知识、传输有趣的生活态度，靠着这种正向的、积极的努力，他们慢慢也获得了预期中的名气。与他们相比，那些为了红不惜一切代价去博出位、博眼球，或者违犯公共秩序、规则乃至法律的人却只能"收获"大众鄙视的目光和嘲讽。

6
远离不良诱惑，不要去考验自己的定力

在欲望面前，能守住本心的人寥寥无几。如果我们不给诱惑接近自己的机会，那么无论你内心的欲望有多强烈，依然能够坚守心灵的一方净土。

清朝道光年间有一位刑部大臣名叫冯志圻，他生平最爱的是碑帖书画。有人打听到了他的这个爱好后，特意带上一本名贵的碑帖前来拜访。谁料冯志圻见到此人，连连摆手拒绝。最后他看都没看那本碑帖，便原封退回。身边的人劝说道："打开看看也无妨。"

冯志圻淡定道："这本碑帖年代久远，太过于珍贵，我一旦打开，哪怕只看了一眼，只怕再也舍不得移开眼了。索性不打开，封其人眼，断其诱惑，能奈我何？"

身处糟糕恶劣的环境中，人们的意志力会变得极其脆弱，

十分容易受到"污染"。反之，就能向好的方向发展。

西方行为主义学派心理学家斯金纳提出的"自我控制与刺激回避"理论亦证明了这一点。提到"自我控制"，大多数人的理解是在某个恶劣环境中调动自身意志去抵抗诱惑，或者约束自身行为。但在斯金纳看来，试图去考验自我定力的人都很有可能遭到"反噬"。他所倡导的"自我控制"，是以远离糟糕环境而实现的。

而与这种"自我控制"相对应的主要方式是"刺激回避"。如果某个环境中的一些刺激性因素会使我们产生不好的行为，就一定要迅速脱离这种刺激环境，彻底扼杀这些不好的行为发生的可能性。平时也要提醒自己，尽最大的努力去避免接触恶劣环境。

在西方经济学中，通常会把人假设为"理性人"，认为人在面临选择的时候会为了自利而做出更为理性的选择。事实并非如此。生活中大多数人都容易感情用事，尤其是在面临欲望与诱惑的时候，常常守不住内心的防线，轻易做出让自己不安乃至悔恨不已的事。

纪晓岚的《阅微草堂笔记》中记载了这样一件事：有一位浙江的僧人立誓要精进修行。他抓紧一切时间苦修，夜里甚至不肯躺下好好睡觉，而只在禅榻上坐着小憩一会儿。

一天夜里，突然有一个美艳的女子出现在浙僧面前。浙僧知道这女子是魔，无论对方怎么用言语挑逗，始终闭目打坐，不见不听。因为他心正，那女子始终无法靠近禅榻。

从那以后，女子每到夜里都会出现在那间僧房。可无论她使出何种妖媚手段，都无法诱惑浙僧。有一天，她突然站在离浙僧很远的地方说："法师您的定力确实很高，我实在该断绝念想……"她先将浙僧的修为夸奖一通，然后劝说浙僧道，他的修为已到了"非非想天"的境界，如果能允许她靠近，她一定能像摩登伽女一样被浙僧感化，就此皈依佛门。

浙僧心动，心想正好可以利用此女来考验自己的定力，便坦然答应。女子得以近身，谁料在她的挑逗下，浙僧一失足成千古恨。他的戒体因此毁于一旦，最终郁郁而死。

纪晓岚评论道："磨而不磷，涅而不缁。"意思是说，只有真正意志坚定的人才能不受到环境的影响。几乎所有自负于自己的能力与定力，"开门迎盗"的人，最终都会一败涂地。

我们与身边那些优秀的人最大的差别在于，上班期间明明应该远离手机，偏偏将手机放在眼前，隔几秒就瞄一眼手机界面；减肥时明明应该对各类美食眼不见心不动，偏偏四处搜罗美食信息，还不断麻痹自己"吃完这顿就减肥"；结婚了明明应该洁身自好，偏偏对各种诱惑满满的单身派对来者不拒，美其名曰"考验自己的定力"……

而精英人士哪怕斩断不了内心的享乐欲望，也能主动远离恶劣环境。他们一面积极接触那些意志力强大的人，一边想方设法给自己创造一个毫无干扰的环境。

要知道科学研究早已表明，人的大脑中存在一个与生俱来的奖赏系统。食物、水等与生存息息相关的"天然奖赏"能激活我们大脑中的奖赏通路。而所有的成瘾性物质亦能产生同样的效果，使大脑始终处于兴奋状态。有心理学家用"可卡因头脑"来形容这种情况。

除非你有超越常人的意志力，除此外你根本无法驾驭内心的欲望。孔子说："是以君子必慎其所与处者焉。"意思是君子一定要谨慎地区分、选择自己所处的环境和相处的人。所以，在欲望面前千万不要大意，须知一念之差，便是万劫不复。

网上有句话说得好："最好的定力，就是不去测试定力！"不要和诱惑较劲，你应该离得越远越好。尽量结善缘，远离恶缘，如此才能立于不败之地，收获精彩的人生。

7
情绪低落时会使人屈服于诱惑

《老友记》中有这样的情节：罗斯和瑞秋是一对欢喜冤家，一路走来分分合合。终于有一天，两人互表心意并确定了恋爱关系。正在这段时期，瑞秋找到了一份新工作，生活发生了翻天覆地的变化。见瑞秋与办公室的同事关系亲密，罗斯深受打击。

在情绪最为低落的时候，罗斯遇到了一位女孩。原本洁身自好的他却轻易败给了诱惑。发现罗斯与别人有过一夜情的行为后，瑞秋极度愤怒，他们的关系彻底闹崩。

相关心理学家提出，人在极度焦虑或者情绪低落的时候，会更容易屈服于诱惑。只因这是大脑"援救任务"的一部分。比如，当人们的生命受到威胁时，人脑会发出警报。

而当我们陷入低落情绪中时，大脑也会产生同样的反应。为了保护你，你的大脑会想方设法地维护你的心情，并一步步指引着你去做它认为的能让你感到兴奋的事情。

神经科学家亦证明，当人们感到愤怒、悲伤或者处于自我怀疑中的时候，大脑就会自动进入寻找奖励的状态。大脑确信，只有得到那份奖励才能获得快乐。而你的大脑给予你的"承诺"会引导你做出各种逾规行为。于是，你的理性败给了本能。

压力之所以能勾起欲望，与"恐惧管理"理论息息相关。这一理论由心理学家杰夫·格林伯格等人提出。任何人在联想到与死亡有关的事物时，大脑都会产生恐惧的反应。在大脑的指引下，你会去主动寻找"保护伞"，以此获得心灵的慰藉。

而能够让我们得到慰藉的最直接的途径，无非是屈从于各种诱惑和欲望。比如，烟民们在看到吸烟警示后，内心倍感压力的同时，会更渴望抽烟。这种在诱惑里寻找慰藉的行为，明显是一种逃避心理。这种心理虽然可以让我们暂时避开危险，却可能会成为我们堕落的开始。

另外，当人们被罪恶感紧紧包围的时候，轻易便能掉入欲望的深渊。这与心理学上的"破罐破摔"效应有着千丝万缕的关系。你是否也有过这样的体验：

减肥饿了好几天，忍不住美食诱惑偷偷吃了一口。一想到

自己破坏了先前立下的节食计划，你心里便涌起极度的负罪感。情绪崩溃的时候，你索性大吃大喝起来。

为一次比赛准备了好久，谁料竟败得一塌糊涂。这深深打击了你的自信，从那以后你彻底抛下上进心。过得颓废堕落还这样安慰自己："该吃吃该玩玩，反正已经失败了。"

饮食研究员珍妮特·波利维和皮特·赫尔曼提出的"那又如何"效应恰恰印证了"破罐破摔"效应。他们发现，人们在负罪感的刺激下，反而会被欲望所束缚。

比如，那些输红了眼的赌徒总是无比渴望翻本，在巨大压力下，他们会想："反正已经输得一塌糊涂，多输点儿又如何，说不定再玩一把就赢了。"

经典港剧《创世纪》中，许文彪的堕落发生在他人生的低谷期。他为人处世的信念被摧毁，他对自己所坚守的一切都产生了深深的怀疑。以往，哪怕外界诱惑再多，他也能做到心直口正，不为所动。欲望却在他心理防线最为脆弱的时候乘虚而入，彻底吞没了他。在欲望的驱使下，他害死了好友的父母。从此一步错步步错，他彻底走上了绝路……

人在遭受挫败时，情绪会陷入低谷。这会让你成为诱惑的"靶子"。与此同时，你的屈服又会令你内心涌起深深的羞耻感、罪恶感、绝望感以及失控感。

你迫切地想要让自己快乐起来。这时候最廉价、见效最快的改善心情的方法是什么？当然是不能做让自己情绪更为低落的事。为了获得片刻的欢愉，你一次又一次地放纵自己，彻底沉溺于情欲、口腹之欲及其他感官享乐中。在这种恶性循环中，你毫无意志力可言。

切记，遭遇挫折的时候，千万不要用糟糕的方式去舒缓情绪，这只会让你在错误的道路上积累越来越多的痛苦，始终无法得到救赎。拥有丰富的生活经验和人生阅历的人不会任由自己堕落下去，为了调整好自己的状态，他们会采取各种小技巧，如：

1. 美美地睡一觉。睡眠是最好的自我修复的方式。备受挫折的时候，不妨放下一切杂念，先去好好睡上一觉。8小时不够就睡足10小时，睡醒后心情自然会变得好起来。

2. 冥想。感到焦虑或者情绪低落的时候，找到一个静谧的角落。一个人静静待着，进入深深浅浅的冥想状态。在这个过程中，内心躁动的欲望会渐渐平复下来。

3. 练字。心浮气躁的时候，练字是一种好的自我调整的方式。尝试着去培养这一习惯，每天抽出一点儿时间去写写字，不仅能让心情松弛下来，还能让你获得一种奇异的满足感。

人在不开心的时候，大脑更容易受到诱惑。一旦你向欲望投降，那种罪恶感与内疚感又会导致情绪持续恶化。想要得到真正的快乐，从一开始就要将诱惑果断扼杀在摇篮之中。

8
沉浸在一份具有挑战性的工作中，能取代感官刺激

《百元之恋》中，女主角斋藤一子是个大龄宅女。她无心帮助打理自家的料理店，整日沉溺在游戏中，过得颓废无比。后来，一子被迫搬离家中，并在一家百元超市里谋得收银员的职位。这份工作枯燥至极，令她的心情越发苦闷，只能在食物和游戏中获得慰藉。

一子慢慢爱上了常来光顾便利店的拳击手狩野。谁知后者对她并无多少情谊。极度压抑之下，一子选择去学习拳击。从那以后，一子像是变了个人似的。她不再迷恋食物，也不再沉迷于游戏世界中。她享受着在擂台上挥汗如雨的感觉，苦练之下，她连眼神也变得乐观积极起来。虽然最后一子输掉了那场关键性的比赛，但她的人生却从此焕然一新。

心理学家米哈里·齐克森米哈里提出，令人们乐此不疲的活动通常可以分为两大类：

感官享乐。即肉体能够享受到的快乐。

心流体验。即全神贯注地投入某种活动中，乃至遗忘时间及对周围活动的感知。

"吃"对人类来说是一件无比愉悦的事情，"用餐"则为

人类带来最高的快乐指数。别的感官刺激也会充分挑动人的神经，但是，人不可能一直沉醉在肉体欢愉中。人对"食色"的需求往往在达到极度饱足的状态后便会产生厌倦之情。超出太多，甚至觉得恶心。

米哈里·齐克森米哈里却发现，人若能得到极致的心流体验，那种快乐程度将超过一切的感官享乐。他将其定义为"一种将个人精神力完全投注在某种活动上的感觉；心流产生时同时会有高度的兴奋及充实感"。具体的表现为：全神贯注地沉浸在一份十分吸引自己的、与自己能够相当又极具挑战性的工作中，对过程中的每一分每一秒都记忆犹深。

为了佐证这一猜想，米哈里曾设计了一个心理学实验：每天八次进行随机、随时的幸福感调查，结果显示，不同阶层、不同职业、不同身份的人在从事某一类活动时，会获得极高的幸福感。而这种幸福感和满足感能为人们源源不断注入精神力量。

想要克制欲望，先从攻心开始。当我们处于深度工作状态中的时候，很难产生吃、玩的欲望。一旦被打扰，会产生极度不悦的情绪。我们一遍遍重复着深度工作的过程，能力得以增强，意志力得到了锻炼，人生目标也渐渐明晰。这与心理学家塞利格曼的说法亦不谋而合，在他看来，人们所拥有的"沉浸式体验"越丰富，心理资本就越富裕。

相反，如果一个人对自我感受过分注重，就很容易产生消极情绪。这便为欲望的滋生提供了适合的"心理土壤"。而一项具有挑战性的工作、一个有意义的目标却能很好地转移我们的注意力。当我们全心全意地投入其中，将自我意识与工作本身紧密结合起来时，才能获得内心的平静与喜悦。很多人在这种沉浸式体验中慢慢修复、调整自己的心理状态。

比如，电影《被嫌弃的松子的一生》中，每当松子沉迷于一段又一段无望的爱情时，人生基调都是灰暗的。她没有明确的目标，于是过得一日比一日颓废。

有一段时间，松子成为理发师。这份工作令她的艺术审美得到了很好的发挥，对她而言十分具有挑战性。她整日忙于工作，内心获得了一种久违的充实与满足感。

后期，她独自一人居住在那个脏乱的房间里，不工作，不与人交流。为了消解内心的空虚感，她放任自己沉溺在口腹之欲中。于是，她的身材日益肿胀，前途越发晦暗……

哲学家们总在劝导世人要远离感官享乐。只因感官带来的快乐并不持久，强烈的刺激后，当事人只会觉得空虚乃至羞愧，除此外毫无进益。更糟糕的是，感官享乐会引诱人沉溺其中，让人远离对自己更有帮助的人群与活动。但"心流体验"所带来的满足感却不同了。这种快乐与满足感"压榨"着我们的潜能，挑战着我们的极限，逼迫着我们前行。

想要摆脱欲望的束缚，就去追求更多的"沉浸式体验"。首先，你得为自己寻找一份具有挑战性的工作。这份工作必须符合这些特征：外在挑战与内在能力相匹配；能让你产生控制感；能让你自动自发地开展持续性的创作；能够立即得到回馈等。

挑战性太低的工作只会让你感到无聊，完全无法将你的注意力从感官享乐中抢过来。难度太高的工作久攻不下时，会让你觉得疲乏，情绪消沉。你所要从事的工作必须是你擅长的、感兴趣的，且与你的能力相当。它能带给你控制感、成就感，又能完全激发出你的潜力。如此你才会有意识地集中注意力，并愿意百分之百地投入心智和心力。

抵制欲望，说白了就是能合理地管控自己。当我们沉浸在一份具有挑战性的工作中，能享受到的是一种类似"巅峰状态"的愉悦感觉。我们能体会出最深刻的意义，亦能发挥出最高的水平。而当我们快乐地向着目标进发的时候，种种诱惑都将被抛在脑后。

9
不要在意志力快消耗完的时候做决定

人的意志力是有份额的。千万不要在精力疲乏或者意志力快消耗完的时候做决定，尤其是这个决定关乎你的未来的时候。

有本书叫作《意志力：重新发现人类最伟大的品质》，作者在书中提出了"自我亏空"理论。他解释说，我们每天的意志力储备是有限的。人的大脑里存有一个"理性军火库"，每当诱惑来临，都需要从"理性军火库"领取弹药去消灭诱惑。拿得越多，库存就越来越少。当"库存过低"也就是意志力快要消耗完的时候，面对诱惑不要轻举妄动。

社会心理学家鲍迈斯特和其同事曾做过一个经典的"巧克力饼干和萝卜"实验。他们先将所有受试者都聚集在一间实验室里，并邀请受试者参加一个智力解谜游戏。

这间实验室"暗藏玄机"。研究人员故意烘焙了香喷喷的巧克力饼干，将其摆放在桌子上。第一组受试者被邀请品尝了香脆的饼干，每个人都说味道很好。第二组受试者却被邀请品尝了普通的白萝卜片，组中大部分人都流露出失望的神色。

之后，研究人员请两组受试者去解析这道几何智力游戏。其实这个解谜游戏根本没有答案。研究人员真正想要知道的是受试者究竟能坚持多久才会选择放弃。

也就是说，这其实是一个与自制力有关的测试。结果很快出来了：第一组受试者顽强坚持了 20 分钟才放弃解题；第二组受试者平均坚持了 8 分钟便纷纷缴械投降。

鲍迈斯特总结说，第二组受试者之所以表现出更低的自制力，很大一部分原因在于之前他们必须运用意志力去抵抗香喷喷的巧克力饼干对他们的诱惑。

意志力说白了就是和欲望相博弈的过程。研究表明，日常生活中人们最常抵制的诱惑分别为食欲、睡欲、休闲欲、购物欲、性欲、交往欲等。在接踵而至的诱惑面前，很多人往往已经挺过了很多关卡，最终却因为一个错误的决定一败涂地。

比如，有个女孩为了减肥，已经在跑步机上大汗淋漓地跑了半小时，又做了半小时瑜伽。出门和朋友聚餐的时候，却忍不住吃了比平常多得多的高热量的食物。一番折腾下来，她非但没瘦，反而胖了好几斤。问题出在哪里？原因很简单，她的意志力配额在先前的运动中已经消耗了不少。此时的她，根本不应该按照原计划和朋友出去聚餐。

微博上，一位情感博主分享心情说："真的不能在深夜的时候做重大决定。"有很多粉丝在评论中问为什么。她解释说，人奔波、辛苦了一天，又累又疲倦。夜晚往往是人最孤独最脆弱的时候，意志力早已消耗殆尽。这时候做下的决定，大部分是错的。

从早晨起床到夜晚入睡前，这一过程中如果你已经做了无数个决定，对无数个诱惑说了"不"，那么你很可能已经陷入了"决策疲劳"里，再做决策的时候就要慎重。

相关心理学家针对这一现象，做了另外一个实验。研究者准备了一堆小商品，并告诉受试者，实验结束后他们可以带走任何一件商品。不同的是，第一组受试者必须做出一系列选择：选择 T 恤衫还是蜡烛？蜡烛选择什么味道的？T 恤衫选择哪种颜色？

第二组受试者花同样的时间去翻看商品并给出评价，但是他们不需要做出任何决定。实验结束后，第一组和第二组受试者分别接受了自制力水平测试：将手浸在接近零摄氏度的冰水中，看能坚持多久。结果显示，第一组的自制力比第二组的自制力低很多。

那么，我们应该如何运用自身有限的意志力去和欲望搏斗，从而做出更理智的决策呢？不妨按照"二八原则"，对自己需要关注的事情进行重要性划分。将一些艰巨的任务分散在不同的时段去处理，尽可能地节约意志力，减少自我损耗。

其次，静下心来好好思索这样一个问题：对于现阶段的你而言最重要的事情是什么？不要本末倒置，在那些不重要的事情上浪费太多的意志力，这可能会导致一连串决策失误，令你陷入欲望的旋涡中无法自拔。比如，你想减肥，于是拼命地节食。意志力消耗殆尽后，你可能会买很多吃的玩的东西来满足自己，或是大睡特睡，甚至做出各种不理智的决定。

意志力不足的时候，记得及时"充电"，而不要忙着做决定。而为意志力充电的方法很简单，早睡早起，让身心都得到足够的休息。白天精神疲累的时候补充健康零食，提高血糖。充沛的精神和清醒的大脑让我们在面对诱惑的时候无比自信与强大。

第五章　谋取权力的欲望，让你遗忘了初心

1
人为什么有玩弄权力的欲望

某大 V 博主发表在个人微博上的一条感悟令人深思："政治往往伴随着鲜血。在权力角逐中，亲情一钱不值，权力是人们眼中美味无比的蛋糕，每个人都要争着去舔上一口，哪怕是最微小的一口，也会兴奋得大叫，如同经历了酣畅淋漓的高潮。"

千万不要低估任何一个人对权力的欲望。英国哲学家伯特兰·罗素在《权力论》中这样描述权力："假如可能的话，人人都想成为上帝。"当今社会中，无论哪一阶层的人，都对权力趋之若鹜。而几乎所有行业的"潜规则"，也都与"权力欲望"息息相关。

迪士尼动画片《狮子王》中，辛巴的父亲木法沙是一位极具威严的国王，而辛巴的叔叔刀疤却对木法沙所掌握的权力垂涎不已。为了登上王座，刀疤设下计谋，残忍地杀害了自己的亲哥哥。之后刀疤特意派出嗜血的鬣狗，只为了将年幼的侄子赶尽杀绝。

《狮子王》中刻画的动物社会与人类社会相差无几。其中的权力斗争都伴随着血淋淋的阴谋。无论是人或是动物，一旦沾染上权力，都很难逃脱其牢笼。

那么，人为什么有玩弄权力的欲望？先来了解权力的定义。权力一词原先专指古罗马法官颁布法令的权力，后在政治学上演变为"发号施令"的一种强制力。有专业人士认为"权力欲"是"控制、操纵他人的意愿"；而"控制欲"则是"影响环境的意愿"。

权欲的形成因素很复杂，与生物内心深处的一种特殊感应"权力动机"息息相关。从心理学和生物进化论的角度来看，权欲是生物本性之一。

人类包括很多动物对权力有着天生的喜好。我们都希望成为主宰一切的强者。这是为了更好地适应自然法则，在优胜劣汰的生存竞争中获得更多资源，占据不败之地。

心理学研究者温特认为，"权力动机"可分为两种：积极的权力动机和消极的权力动机。前者是一种驱动力，促使生物孜孜不倦地谋求团体中的领导职位或"组织社会中的支配权力"。而且一般会产生积极的成果。比如，狒狒群中，永远存在着一位德高望重的头领。

而消极的权力动机是一种"害怕失去支配权"的心理。为了满足自己扭曲的权力欲望，当事人往往会采取种种过激手段。比如，排挤、殴打、虐待甚至屠杀，等等。

权力不一定意味着攻击性，但热衷于权力的人骨子里往往隐藏着很强的攻击倾向。有心理学家提出这样的观点，一个人权力动机的强度，大致由两大因素所决定：

一是社会控制需求。当一个人面临激烈的社会竞争时，会对自身的控制水平产生不信任的感觉。为了转移这种不安全感，他会想方设法地获取更多权力，更多生存空间。

比如，当一头羚羊生活在一片危险重重、天敌环伺的草原上的时候，求生的欲望会让它变得更灵敏、跑得更快。这其实是一种求生的权力的体现。

二是对自身价值的肯定度。一个人若对自身能力十分自信，他就会无比渴望获得相应的地位、权力，以匹配自己的天赋与能力。这样的人通常有着强烈的权力动机。

无论是积极的抑或是消极的权力动机，一部分都来自人们的生存本能。另一部分则是受到后天环境的"辐射"而形成。它包括物质环境和精神环境。比如，在资源有限、竞争激烈的企业中，基层员工为了改善生活，往往会对管理职位产生极度的渴望。

在当前的社会环境中，人们对权钱的追逐几乎达到了顶点。中国青年报社会调查中心曾针对2075名普通人展开调查，结果显示，93.3％的受访者感觉当下年轻人急功近利、权钱欲望高涨的心理较为普遍。在这个商品经济飞速发展的时代，权力将不同阶级的人微妙地联系了起来。年轻人一踏入社会便不得不接受"权力魅力"的熏陶。

当消极的权力动机盖过积极的权力动机时，权欲几乎成了一种传染病。凡是为了权力不择手段的人，最终会被欲望所吞噬。只因玩弄权力的人最后必然会被权力所玩弄。

大热美剧《权力的游戏》中，"小指头"贝里席是个不折不扣的阴谋家。原本出身贫寒的他为了一步步爬上权力的高阶，几乎将坏事做尽，而他的拿手好戏便是挑拨离间、阴谋暗杀。可以说整个维斯特洛大陆的战争都是由他引发的。而这场战争令无数无辜平民陷入了水深火热之中。在这种权力游戏中，贝里席堪称最高阶的"玩家"之一。

可贝里席的下场却颇为凄惨。当"狼家姐妹"看穿了他的阴谋把戏和险恶用心后，无论他说再多的花言巧语也无济于事。最终，他惨死在了冰寒之境。

人人都向往权力。智慧的人却不会被这份向往遮住双眼，就此走偏人生的道路。记住，当你迷信权力并不择手段地追逐权力的时候，欲望会给你戴上枷锁，将你送入地狱。

2
越是有点儿小权力的人，越是喜欢折腾人

一张截图曾在网上引发了很高的热度。某高校学生群里，一位女生@某学长，向其问了个问题。谁料管理员口气不善地回复道："杨主席是你能直接@的？"还爆了粗口。又有一位管理员立即在群里提醒大家要注意自己的身份和说话的方式。

另一则新闻也很令人感慨：一所高校的学生爆料，中秋节时学校社联组织部的一位部长在群里发布一条"宣告"，要求各位小干事给部长、主席发祝福信息，不能打错名字。

结果社联组织部有位新成员在给某部长发祝福短信时，不小心搞错了名字。那位部长顿时大发雷霆，趾高气扬地回复道："把我的名字抄 50 遍，开大会检查。"

网友纷纷吐槽道："不都是学生，耍什么官威？""权力看来不仅仅是成年人的游戏了，现在学生也学会了拍马屁那一套……"

不知道你有没有注意到这样一个现象：越是有点儿小权力的人，越喜欢抖威风、无所不用其极地折腾人。

……

俗语说："阎王易见，小鬼难缠。"一旦"小鬼"手中多了点儿权力，便立马享受起了身处高位的快感。为了彰显自己的存在感，他们会在权力范围内使劲地折腾、为难他人。看到别人被折磨得身心俱疲的样子，他们反而觉得无比快活与满足。

过于强盛的权力欲望会削弱人们的同理心。平时老实本分、温良敦厚的小市民，一旦被赋予了另一个身份，对他人多了点儿控制权，立马变得面目狰狞起来。

著名学者吴思在《潜规则》一书中写道，拥有一项或多项权力的人，大概率会用各种冠冕堂皇的理由来对别人造成伤害。他将其总结为"合法伤害权"。比如，公司老板可以随意强迫员工 996，或无条件开除员工；导师逼迫学生对其言听计从，一发生不顺心的事情就让学生延期毕业……

普通人之所以会对位高权重者无比畏惧，甚至无底线服从，就是因为握有权力的人牢牢掌控了这种"合法伤害权"。他们能无所顾忌地伤害别人，却很少背负责任。

然而，就在我们对权力畏惧臣服的时候，心中也被埋下了一颗欲望的种子。越是害怕，便越是渴望。一旦手中真的多了些权力，很多人立马翘起了尾巴，随心所欲地压榨其他人。

拿保安来说，他那微不足道的权力就催生出了很多风波。2019年，家住杭州某小区的纪先生兴高采烈地换了新车，开车回家时却在小区门口被保安拦住。保安偏说没见过他的车，像审犯人一样对他百般盘问，句句带刺，最后两人差点儿打起来。

2018年，无锡一位石师傅赶到某小区送外卖，结果刚到门口就被保安粗暴拦下。石师傅解释说，他接的是该小区某业主的单，现在业主催得急，希望保安高抬贵手，先放他进去。结果保安根本不听他的解释，一味胡搅蛮缠，还破口大骂："送外卖不要脸的东西！"

石师傅无辜被骂，最后还遭到业主的投诉。有记者听说了这场争执，赶过去采访。这才发现，小区根本没有不准外卖小哥入内的规定，这纯属小区保安自作主张。

很多看似"人畜无害"的人，一旦心中权力欲望高涨，往往会变得很"浑蛋"。等他们真的攫取到了一些权力，只怕会做出更多令人不齿的事。

身为普通人，我们要警惕权力的诱惑，不要被潜移默化地腐蚀、变质。以不卑不亢的心态去面对身边那些位高权重者，不要因为害怕被伤害，就对权力者溜须拍马、恭维献媚，甚至摇尾乞怜。先挺直脊梁、端正心态，才能一步步拔除心中那颗欲望的种子。

如果你手中恰好掌握了那么一点儿小权力，更要一刻不停地修剪欲望，让心中警钟长鸣。比如，身为政府公职人员，就要时刻提醒自己，要公正执法，积极守护人民的利益和社会的平安；身为人民教师，就要公平公正地对待每一个学生，做善良正义的代表；身为公司老板，就要尊重下属，不乱摆官架子，始终以清晰明确的制度管理人……

权力之所以让人上瘾，在于它会麻痹人的神经，给人一种错觉。那些拥有点儿小权力的人，往往自视甚高，不停在内心叫嚣："我太厉害了！""我掌控着这一切！"殊不知，当他们翘起尾巴的时候，暴露的却是自己空空如也的脑袋和肤浅的灵魂。

3
越是站在权力边缘的人，对权力越渴望

电影《王的盛宴》中，有这样一段台词："大多数人，一生都看不透自己。就像我，当年在秦国小镇丰邑的时候，我的生命像井里的水，卑微而平静。而当我进了秦王宫之后，就彻底打开了一扇门，让我看到了自己心底，像大海一样的欲望……"

知乎上，一位网友问道："一个人在什么时候对权力的欲望最大？"高赞回答是："应该是你在享受到权力的好处时，偏偏被更高级的人压迫的时候，对于权力的渴望最大。"

有人断言，这世上只有一种人能抵受住权力的诱惑，就是那些远离权力、从未尝试过权力滋味的人。而那些站在权力边缘的人，无论男女老少，都会拼尽全力地去争取权力。

《甄嬛传》中，安陵容后期变得阴狠歹毒、面目可憎。然而想起她初入宫时的模样，却也不过是一个单纯无害、心性敏感的弱女子。有网友说，如果安陵容被撂了牌子，失去了入宫的资格，然后按照既定的命运嫁到寻常百姓家，或许她的一生都将平静无波地度过。

一入宫门，相当于被卷入了权力的旋涡中。赤裸裸的权力斗争激发出了安陵容内心的阴暗面。她被欲望迷乱了心性，慢慢遗忘了与甄嬛的友情，遗失了初心。

离权力越近的人，越容易受到蛊惑。曹琴默的经历更证明了这一点。一开始寄生于华妃宫中的时候，她的聪慧无人能及，所以总能明哲保身。与甄嬛联手斗倒华妃后，她被晋升为嫔位。侍女兴高采烈地向她道喜，那一刻她初尝权力的滋味，内心的欲望不禁喷涌而出。

她淡淡笑着说："先别忙着道喜，这还只是个嫔位。妃、贵妃，我要一步一步爬上去……他日莞嫔若要阻我封妃之路，我照样不会手软！"

《权力的游戏》中有句经典台词："我们这些普通人一旦尝

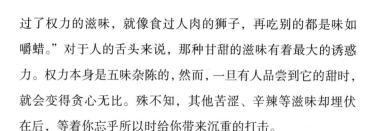

过了权力的滋味，就像食过人肉的狮子，再吃别的都是味如嚼蜡。"对于人的舌头来说，那种甘甜的滋味有着最大的诱惑力。权力本身是五味杂陈的，然而，一旦有人品尝到它的甜时，就会变得贪心无比。殊不知，其他苦涩、辛辣等滋味却埋伏在后，等着你忘乎所以时给你带来沉重的打击。

没有尝试过权力滋味的人，永远也无法体会到那种成就感、自信感、唯我独尊感不断膨胀，最终到达顶峰的感觉。但凡见过你的人都对你阿谀奉承、卑躬屈膝。他们因为你一句话欢喜不已，因为你一个皱眉战战兢兢。你轻轻一挥手，就能决定他人的前途和命运。当你见识了并体会过权力带来的满足感和幸福感，自然会对权力顶峰产生无限幻想和渴望。

古今中外，无数前车之鉴告诉我们：面对权力的诱惑，贪婪地迎面而上，可能会摔得尸骨无存；适时急流勇退，却能成全内心的信念，获得梦寐以求的自由。

那些品尝过权力的甘美滋味，却始终保持淡然心境并能在关键时刻撒手放权的人，无疑是真正的智者。历史上的范蠡曾选择在声势最高时归隐山林，他是权力面前拿得起放得下的典范。李斯之徒却是反面教材，他们一手遮天、贪恋权势，最终下场凄惨。

东汉开国名将冯异为人谦逊，每次行军途中与其他将领相遇，他总会引车避道，而不是利用权势来压迫对方。每次打了胜仗，将军们讨论各自的功绩时，冯异却很少参加。他习惯坐在大树下，离大家远远的，时而凝神远眺，时而闭眼沉思。

人们见冯异将军总是安静地倚靠大树而坐，却对权力之争不屑一顾、无动于衷，纷纷称呼他为"大树将军"。

与冯异相比，韩信却有着截然不同的命运，只因为后者在权力的把握上稍逊一筹。韩信能力突出，战功累累，连刘邦都不由得感慨道："战必胜，攻必取，吾不如韩信。"这听起来是一种赞誉，其实是一份警醒、一份暗示。可惜的是，韩信被内心不断膨胀的权力欲望搅乱了理智，将刘邦的暗示抛到脑后，最终迎来了"死尸一具"的结局。

站在权力边缘的人，谁想利用手中的权力为所欲为，谁就会成为权力的附庸。那些永不知足地攀登权力的顶峰，不知收敛野心的人，纵然风光无限、显赫一时，却也免不了凋零落败的命运。屠龙的少年最终变成恶龙的故事我们都很熟悉，它告诉我们：越是站在权力的边缘，越要洁身自好，时刻牢记心底红线，用制度规范自身行为。

4

权力一旦"任性"起来，就会带来灾难

电影《斯坦福监狱实验》描述了这样一个故事，1971 年任教于美国斯坦福大学的心理学家飞利浦决定要实施一场"监狱实验"。为此，他召集了 24 名男性志愿者。

这 24 名志愿者都是大学生，身体健康，心智健全。他们互相之间不认识，没有入狱经历，也没有吸毒等不良爱好。飞

利浦在同事的帮助下，在斯坦福大学的教师办公室中临时搭建了一个模拟的监狱。随后他告知所有的志愿者，这场实验将持续进行 14 天。

24 名青年男子中，12 名被分配了狱警的角色，12 名充当囚犯。实验明确规定：狱警不能殴打、攻击囚犯。让飞利浦始料未及的是，实验进行的第三天，狱警和囚犯之间的矛盾几乎一触即发。狱警似乎很快便进入了角色，囚犯也变得紧张不安。

扮演狱警的学生被赋予了"至高无上的权力"。他们开始有事没事地找囚犯麻烦，随口辱骂、体罚成为家常便饭。囚犯们一开始还有心反抗，慢慢地他们选择了服从。狱警们反而变本加厉地压迫他们。更可怕的是，组织这场实验的飞利浦教授似乎也有点儿"走火入魔"。随着他内心的权力欲望越发高涨，他打心眼里认为自己是这群人的主宰者……

这部电影根据历史上的真实事件改编。实验中所反映的真相令人不安，它告诉我们，人内心的权欲若随着周遭环境的变化肆无忌惮地膨胀起来，会有多可怕。

年轻人总将"有钱任性""有颜任性"挂在嘴边。金钱属于个人财产，任性地豪掷千金似乎也无可厚非，毕竟这属于个人行为。颜值惊人，或许也可以任性一下，毕竟颜值要么是天生的要么靠后天保养得来。唯有权力，不允许有丝毫的任性。

只因权力一旦被滥用，一定会衍生出无数风波和灾祸。心理学家分析说，人都是情绪化动物，会在情绪激动的时候做出不理性的行为。而且，人性是经不起考验的。任何人都会在某种特定环境下，被欲望驱使着，肆无忌惮地展露内心邪恶的一面。

权力相对小者，任性起来可能促使一个群体或一个组织中的全体人员"遭殃"。权力者摆出一副"反正我有权爱怎样就怎样"的嚣张嘴脸，要么误判形势胡乱决策，要么言而无信令人心寒，要么手段卑鄙，肆意妄为地欺压、打击他人……

手中握有"至高"权力者，任性起来更会遗祸无穷。"二战"时期的希特勒，一度骄横无比，无数犹太人惨死在他的任性决策下。历史上类似的事例多不胜数。一本名为《权力的人性：人类历史上最糟糕的决策》的书讲述的就是一些大人物，如何任性地运用手中权力做出了糟糕的决策，而这些决策又给整个社会乃至后世留下了怎样的负面影响。

若手中的权力是人民赋予的，身处高位者更要小心谨慎、如履薄冰。为官之道关键在于平易近人、为民办事。只因人民赋予的权力属于公共财产，手握权力之人必须在严格监管下承担责任履行义务，尽职尽责。而不是借权谋私，毫无底线地满足自我贪欲。

教育警示片《权力任性的代价》中，镜头展现的一幕幕令人触目惊心。片中那些腐败的贪官一开始也都是大好青年，有的从基层成长为中流砥柱，有的受过良好教育毕业于高等

学府。可一旦把控不住内心的权力欲望，再理智的人也会一步步走向了堕落。

有句耳熟能详的谚语叫作"当官不为民做主，不如回家卖红薯"。这句谚语背后说的是一个戏曲故事。明朝嘉靖年间有一位地方县令，名叫唐成，是个小小七品芝麻官。他生性刚直不阿，哪怕面对的是奸臣的通天权势，他亦不畏不惧。正因他从不任性地对待手中权力，一向公正断案，为民做主，他的故事才被编成戏曲，被老百姓传唱至今。

某部热播国产剧里有这样一句台词："权力就是责任，责任就是担当。"从心理学的角度而言，欲望最大的负面影响在于它能腐蚀你的心智，迷惑你的本性。被权力欲望捆绑的人，渐渐就会忘了权力的本质是什么，忽略了手中的权力是怎么来的。

其实，让你当上公司的领导，是为了让你带领好团队促进公司发展；让你成为政府机关的办事人员，是为了让你利用好手中的权力，全心全意地为人民服务……

这些才是权力的初心与本质。所以，不要有了点儿权力就任性折腾，以权压人。别忘了很多时候他人对你毕恭毕敬，言听计从，并不是因为你多么有才华多么有能力，不过是因为你掌握了一定的实权而已。将权力紧握手心的时候，被捧得高高在上，并不是一件了不起的事情。你该等自己卸下"光环"时，再去听听人们的评价。

如果大家此时还发自真心地尊敬你，感谢你曾善用权力，公平公正地关照每一个人，这才是真正的了不起。良好的权力运行能促进社会的和谐稳定。

5
一个人的权力无限大，欲望也可能也会随之增加

电影《蝙蝠侠前传》中有这样一个场景，为了寻找到死敌"小丑"的行踪，蝙蝠侠命令助手运用跟踪技术去监听所有人的电话。跟随了他半辈子的老助手却说："做完这件事情，我将离开您，我很难想象一个人权力大到这种程度会对世界有什么灾难。"

助手在害怕什么？这位见过太多风浪的老人明白，当一个人的权力到达顶峰的时候，他也将拥有无限的欲望。哪怕是蝙蝠侠，也很难保证灵魂不受欲望的浸染。

当一个单纯的人手握权力时，他的欲望会随之膨胀。当欲望得到了一定的满足，他就会迫切地渴望拥有更大的权力。人的权力与欲望是呈正相关关系的，它们相互纠缠，不断高涨、升华。只是，所有的天真消退后，人便只剩下权力的欲望。

精神分析学家阿尔弗雷德·阿德勒认为，每个人心中都藏着不同程度的权力动机，在不同时期有不同的体现。阿尔费雷德说，婴儿和孩童面对更有力量、更理性成熟的父母时

一方面无比依赖，一方面却又会对自己的渺小怀有潜在的自卑感。

权力欲望因此有了滋长的空间。随着孩童逐渐长大，迈入青春期，变成成年人，他们的权力欲望会随着时间的流逝一天天增大。这其实是为了掩盖内心深处的自卑感。

阿尔弗雷德又提出，权力动机的强度是分层次分等级的。当一个人获得一定权力时，随之膨胀的欲望会促使他的权力动机转向下一个更高的权力目标。

有人说，埃德加·胡佛是一个典型的"权力进化者"。这一点，从电影《胡佛》中便可窥一斑。电影描述了埃德加·胡佛的一生。初出茅庐时，胡佛只是司法部的一个小职员。因为过人的侦查能力，他不断受到重用与提拔。就在这个过程中，他的野心越来越大，所追求的目标亦发生了质的变化。而他的人生转折点发生在 1924 年 12 月 10 日。

那一天，胡佛被任命为美国联邦调查局（FBI）的局长。当手中握有了实打实的权力后，胡佛心中掌控一切的欲望被彻底点燃。在他的指挥下，FBI 有了完整的指纹档案系统和犯罪实验室。在这个严密有序的机构里，胡佛成了说一不二的"君主"。

然而，这一切都无法让胡佛满足。随着他的影响力越来越大，他甚至干预起了华盛顿主要机构的各个角落。对此，有人说："他的权力似乎已经脱离了政府，因为他们从来不听首席检察官的命令，也不听美国总统的命令，唯一能给他们发号施令的只有胡佛。"

到了后期，胡佛开始用各种手段监听、遥控、中伤他人。他的性格变得越来越强势狭隘，冷酷无情。他频频对身边的人撒谎，对谁都不信任。而他的亲人、爱人、朋友、得力助手亦不断与他爆发冲突。最后，他孤独地死在了冰冷的地板上……

胡佛对权力的滥用很能够说明一个问题：当一个人的权力大到一定程度时，他便有了做出任何事情的动机。此时，他内心强烈的欲望和高强度的权力动机彼此纠缠，令他迷失了自我。为了获得更大的权力，他可以罔顾法纪乃至违背人性。

普通人的权力动机可通过多种方式去满足。比如，在成长的过程中不断取得成就。包括学业有成、事业进步、人际关系融洽等都能让人感到身心愉悦。而对一些欲望较小的人来说，做了一桌美食、写了一篇出色的散文，都能满足他们心中的权力动机。

对于天生权力型的人来说，他们通常有着非同寻常的权力欲和控制欲。这样的人往往性格鲜明、能力很强，能轻松地晋升高位。只是，当他手中握有的权力一次比一次大时，他心中的欲望也一次比一次多。如果他们任由欲望泛滥，权力便变成了这世上最危险的东西。它可能损伤社会秩序，也能对他们自己的人生造成难以挽回的负面影响。

一部古装电视剧中有这样一幕：男子看着怀中的婴儿，自信道："他会成为世子。"女子却喃喃道："做了世子，就要做国君，做了国君就要做天子。权力越大，欲望越大。我不希望我的孩子，会有这样一个将来。我希望他能做个快快乐乐的人……"

当然，人不满于现状，才能促进自身发展，推动社会进步。但是，如果你察觉到自己心中藏着非同寻常的权力欲望，且恰好手握实权时，就一定要随时提醒自己。努力将自己的欲望始终控制在一定范围内，只因超出生存本能和发展需要的欲望一定会带来毁灭。

6

身处高位时，学会合理放权

《琅琊榜》中，赤焰军惨案的发生正是因为当年梁王对于权力过于迷恋。梁王的儿子祁王能力出众，抱负远大。朝堂百官对祁王无不尊重敬服，纷纷称赞他是明君之选。梁王原本对其十分宠爱，但一颗爱子之心最后却败给了至高权力的诱惑。

赤焰军首领林帅兵多将广。且与祁王交好。这一切都让梁王警觉起来。权欲生起猜忌，猜忌又致使他做下一系列错误的决定，这才酿造了一出出悲剧……

现实生活中，霸权者也比比皆是。比如，职场中经常发生这样的事情：对于某个项目无论了不了解，领导都时不时地对相关员工教育一番，不肯放手让后者真正大展拳脚去做。

　　心理学家分析说，当权者不愿意放权大多出于以下两种原因：

　　不敢放。处于权力中心的人一般能力强，却很难做到信任别人。他们实在不放心将自己辛苦打下的"江山"轻易交到别人手中，生怕放权会导致结果不尽如人意。

　　不想放。没有人不想成为别人口中最厉害、最值得尊敬的那个人。无时无刻不端架子，同时将权力牢牢抓在手中，能满足当权者的虚荣心。而且，权力如同领导者握在掌心的权杖，领导者靠其来施展领导力。拥有绝对权力的人害怕放权会让自己失去对他人的控制，失去权威。在他们看来，自己若没了一言九鼎的地位，难免会受制于人。

　　对于不敢放权的人来说，若处处事必躬亲，除了身体会吃不消外，还可能导致处处都做不好。要知道，组织中拥有最高领导权的人扮演的其实是指挥官的角色。制订战略计划，分配团队任务，掌控进度、跟踪检查才是领导者的主要工作。

　　作为领导者，千万不要动不动就卷起袖子亲身上阵。该放手的时候就放手。唯有将权力下放，将正确的事情交给正确的人来做，才能收获预期中的成果。

　　对于不想放权的人来说，要知道"高处不胜寒"的道理。

身居高位的人，一不小心就可能摔得粉身碎骨。深具智慧的人却会努力掌控内心的欲望，适度让渡权力，给下属足够的空间去发挥。到了合适的时候，他们也能果断地功成身退，绝不留恋权力。

但越是身居高位的人，越不愿意退出权力的游戏。可无数事实证明，对懂得放权收权，并做到收放自如的人来说，权力只是他们的工具。在合理的调度下，事情只会向着更好的方向去发展。而被权力欲望牢牢捆绑，怎么也不舍得放权的人，最终会被权力所伤。

需要注意的是，授权于他人时最好做到"权责分明"。拿企业发展来说，企业领导在授予员工权力的时候一定要着重强调对应的责任。如果不去特别交代"底线"，那些乍然接触到权力的人很可能会在膨胀欲望的驱使下，自作主张做出一些跨越界限甚至违背法规的事情。授权亦授责却能扫清权力收放过程中的障碍，同时确保权力不会被滥用。

另外，放权未必一定要着眼于什么大方案或核心战略。围绕着日常职场中的一些寻常小事，也可以进行放权，如果你想培养得力下属，可以先从小事开始训练他们负责任的态度。放权之前，可列出一份清单，这样会使你的放权过程更有系统、有条理。经验丰富的人会使用这个小诀窍：将必须由自己亲自处理的事情画去，剩下的就是"可放权事项清单"。

无数的人前仆后继地奔驰在追逐权力的道路上，他们甚至愿意为了权力和地位耗费一生的精力。千辛万苦获得权力之后，他们根本不想也不敢轻易放权。而聪明的人却懂得通过适度、合理放权的方式去实现更高的管理价值，让权力的行政效能达到最大化。

7

面对权力，时刻保持敬畏之心

国产剧《那年花开月正圆》中，反派人物杜明礼给人留下了深刻的印象。他从小流离失所，食不果腹。阴错阳差下，他卖身为奴，一心只为王爷办事。

后来，他被王爷派到泾阳，并借用王爷的权力肆意打破泾阳商界原本的安宁。特殊的成长经历令杜明礼形成了扭曲的价值观。在他看来，这世上的事没有对错之分，关键看能否得到利益。为了能获得更高的地位，享受到更大的权力，他频频栽赃害人，手段阴毒。

底层出身的杜明礼虽然经历过太多的不平事，也亲身尝试过权力膨胀、滥用的严重后果，但这一切都未培养出他对权力的敬畏心。他做人做事都毫无底线，最终自食其果，令人唏嘘。对权力丧失敬畏之心的人，大多会落得个像杜明礼一般的结局。

权力是把双刃剑。唯有运用得当，才能披荆斩棘、为他人谋取幸福，为自己赢得更多信任与尊重。有句话说得好："玩弄权力的人轻者丢官解甲，惨淡收场，重者身陷囹圄，遗臭万年。"手握实权的人若能时刻保持敬畏之心，再多欲望也只会被扼杀在摇篮中。

史学家王夫之曾在《宋论》中将宋太祖赵匡胤成就霸业的原因归结为"唯其惧也"。他这样写道："惧以生慎，慎以生俭，俭以生慈，慈以生和，和以生文。"

由"惧"才能生"慎"，这能让人始终保持清醒的头脑。然而，现实中很多位高权重的人明明已经靠着权力之便得到了太多东西，却还是贪图更多利益，想要掌握更大的权力。是什么让他们丧失了对权力的敬畏之心，变得贪婪成性？

心理学家分析说，这首先是补偿心理在作祟。个体在适应社会的过程中总会有一些偏差，个体往往会为此做出一些补偿性行为。一般是为了掩饰某种缺陷或克服内心的自卑，而发展自己其他长处。一些地位不凡、手握重权的人可能经历了一个穷困潦倒、颠沛流离的童年。不幸的身世让他们内心深处充满了自卑，认知逐渐偏离错误的方向。

而在成长过程中，这种扭曲的三观并未得到有效的纠正，反而将他们带入了牛角尖。这样的人一旦实现了阶层逆袭，对权力是毫无敬畏心的。为了弥补成长过程中的种种缺憾，为了填满心底无尽的空虚与欲望，他们往往心一横，主动走上无法回头的道路。

不择手段地利用权力来谋取利益的人一般亦怀着侥幸心理。所谓侥幸心理，其本身指的是当事人无视事情发展的现状，根据自己当时的心理状况、个人好恶对事情的情况进行分析，脱离了真实现状，违背了事物的发展规律。很多影视剧中所刻画的贪腐官员都有着这样的经历：一开始的清正廉洁被一个小红包所终结，于是，一个个"小小的腐败"将他们的胃口撑得越来越大。尝到了甜头后，他们自信地认为自己有能力掩饰自己的行为不被别人发现。

　　随着内心贪欲越发膨胀，他们对权力的敬畏却越来越少。他们将自己被重用的原因总结为"运气够好、上下打点得很周全"，却再也不肯全心全意地为人民服务。

　　在电视剧《人民的名义》中，祁同伟曾狂妄地表示："改变我命运的是权力不是知识，哪怕搭上我自己的性命，我也要胜天半子！"权力在他看来是任己所用的工具。

　　为了包庇犯罪的亲属，他打了个电话给相关部门，逼迫对方放人。祁同伟如此"自信"，是因为他从未想过自己也会有"落马"的一天。高育良评价他是胆大包天，说："一人得道，鸡犬升天，改天祁同伟可能会把自己村子里的狗也给弄去当警犬！"

　　一些当权者初出茅庐的时候志向高洁远大，中途却慢慢堕落，对待权力越发任性妄为。之所以会产生如此大的转变，与从众心理分不开。所谓从众心理，指的是个人受到外界影响，使自己的心理及行为趋向于多数人的行为的方式。电视剧《那年花开月正圆》中，从贝勒爷到知县再到小吏，上下堪称"蛇鼠一窝"，清廉官员却少之又少。

在官场上，每当见到其他官员贪污腐败却没有得到应有的惩罚时，那些意志不坚定的官员就会心生动摇，并产生从众心理。在他看来，既然其他人贪腐无事，自己也不会有事。

古语云："凡善怕者，必身有所正、言有所规、行有所止。"为了不成为权欲的奴隶，我们要始终保持对权力的敬畏之心，做到慎独、慎微、慎初。而敬畏权力，首先要敬畏法纪，这是不可逾越的红线。哪怕你地位再高，也要严格遵守一切法律法规，不能心存侥幸。

保持对权力的敬畏之心，就是要担当责任。你手中握有的权力越大，行使权力时就越要慎之又慎。倾听各方声音，尊重各方意见，必要时背负起属于自己的责任。

古代思想家认为，权力乃是"神器"，有着至高无上的"神圣性"。处于权力中心的人一定要想方设法地去维护权力的神圣性，而不要肆无忌惮地亵渎权力。

第六章　一夜暴富的欲望，让你迷失了本心

1
为什么很多人都有一个暴富梦

社会中，这样的事情比比皆是：以各种渠道一夜暴富后，有的人豪掷千金，没过几年便花完了所有的钱，于是铤而走险违法乱纪，最终锒铛入狱；有的人整日做着暴富梦，完全丧失了劳动能力，最终沦为社会负担；有的人轻信非法金融机构和骗子的蛊惑，把积蓄一股脑砸在了高风险项目上，结果过往的努力都打了水漂，就此家破人亡……

人的欲望是这世上最具杀伤力的东西。而金钱欲望则更具破坏力，它常常会弄得人身心迷乱、无法自拔。越是渴望一夜暴富，越容易上当吃亏。

"圆桌派"节目中，嘉宾严歌苓提到当年她在创作小说《扶桑》时阅读了很多背景史料，从中发现这样一个现象：很多华工在外辛苦打拼十年，才能攒到足够的钱去回家娶妻生子、盖楼。乘坐大船回家途中，华工们都挤在闷热的船舱底下，没日没夜地赌红了眼。

结果还没到家，很多人将钱通通输光，身上只剩下一条短裤。因为无颜回家见亲人，他们连岸都没上，就又随着大船回了头。严歌苓描述说："和这些赌徒们谈话的时候，他们会告诉你，我那一手我都有感觉……他们老觉得他们是一种必然……"

赌徒们大多会在一夜暴富的欲望的驱使下变得疯狂无比，哪怕输得精光也不愿意停手。可怕的是，现实生活中很多人心中都有个一夜暴富的梦想。若抑制不住心中汹涌的欲望，我们也会失去理智，变成孤注一掷的赌徒，最终输光前途和希望。

莎士比亚在《雅典的泰门》中这样说道："金子！黄黄的，发光的，宝贵的金子！只要一点点儿，就可以使黑的变成白的，丑的变成美的。"古人亦说："有钱能使鬼推磨。"

生活中，有这么几种人最容易受到一夜暴富的欲望的蛊惑：

极其享受不劳而获。这一类人难以克服人性中的惰性，于是长期沉溺在不切实际的幻想中无法自拔。一夜暴富恰好契合了这类人的心理，令他们迷恋不已。

幸福感低。生活中那些幸福感很低的人也很难摆脱一夜暴富的欲望。他们内心缺乏安全感，活得焦虑而懵懂，于是将自己过得不幸福的原因归结于物质条件过于匮乏。

眼高手低。梦想很大，却没有能力支撑自己去实现梦想。他们渴望在极短的时间内聚敛大量财富，却不愿意去做基础性的工作。

为什么金钱对人的诱惑这么大？心理学家分析说，金钱与消费、享乐等欲望总是如影随形。一个人拥有越来越多的欲望，他就会想要得到更多金钱为自己的欲望埋单。

朋友圈里一篇名为《那些幻想一夜暴富的年轻人，最后都怎么了》的文章曾引来很多转载与热评。作者提到，2016年，21岁的大学生郑某因为迷恋足彩而欠下10万元钱。父亲拿出多年积蓄并四处借债为他堵上了这个窟窿。舅舅则将他手机上所有的赌球和借贷软件卸载了，苦口婆心地劝诫他悬崖勒马。然而，郑某最终还是败给了内心的欲望。从20万元、30万元，到最后的60万元，郑某欠下的赌债越来越多，走投无路的他选择了跳楼自杀。

培根曾说："不要追求显赫的财富，而应追求你可以合法获得的财富，清醒地使用财富，愉快地施与财富，心怀满足地离开财富。"追求财富无可厚非，金钱梦也可以是一种美好的梦想。但渴望一夜暴富到了病态的地步，甚至不惜赌上一切的人，最终必将走向悬崖峭壁。记住，一旦沾染上赌徒心态，一定会被欲望吞噬，就此葬送一生幸福。

事实上，很多优秀而强大的人都曾渴望过一夜暴富，但他们却始终清楚那不过是个不切实际的幻想。所谓"君子爱财取之有道"，为了满足自己的欲望，他们会脚踏实地地去奋斗，拼尽全力地去争取属于自己的机遇。怀抱这样的心态，才能驾驭财富。

2

中了彩票大奖，幸福感可以持续多久

在生活里遇到点儿"糟心事"时，很多人都会产生这样的幻想："要是能中彩票大奖就好了！"买彩票中大奖，从此走向人生巅峰，听起来要多美好有多美好。然而，国内外很多大奖获得者却说，如果时间可以倒流的话，他们宁愿回到当初没中奖的日子。

英国人迈克尔·卡罗尔在 19 岁那年中了乐透近 1000 万英镑的大奖。巨大的幸福感击中了他，从那以后，迈克尔过上了无比奢靡的生活。接下来的 10 年里，他先后交往了 4000 多名女友，终日沉迷在玩乐放纵中，过得颓废不堪。结果，将奖金挥霍一空后，昔日的狐朋狗友都离开了他。他只能靠砍柴和捡煤维持温饱，而且再也无法交到女朋友了。

另一位大奖获得者安德鲁的经历也令人唏嘘不已。他在 2002 年喜中 3.15 亿美元。可他的生活却一夜间跌入了低谷。领取奖金后，安德鲁无数次遭遇劫匪破门抢劫。等他将钱存入银行，神通广大的盗贼又将他的银行账号洗劫一空，导致他破产。

这期间，他的家庭生活亦发生巨变。孙女沉迷非法药物，不幸身亡。女儿悲伤过度，也永远离开了他。安德鲁最后哭着说，他当初就该将那张彩票撕碎。

著名作家穆尼尔·纳素夫说："真正的幸福只有当你真实地认识到人生的价值时，才体会得到。"很多沉迷于金钱欲望的人认为中彩票大奖的人生才叫作幸福。然而，心理学家却一致认为，一夜暴富或者生活质量大幅度提升，并不一定能让人对生活更加满意。

美国伊利诺伊大学一项研究表明，哪怕中了彩票大奖，人们的幸福感也顶多只能延续 3 个月。早在 1978 年，就有人针对"金钱是否能带来幸福"这一课题展开研究。研究报告显示，接受测试的人一共有 3 组：22 个普通人；22 位乐透大奖的获得者；29 个遭遇事故导致下身瘫痪或者四肢瘫痪的患者。测试过程中，参与者需要每日给自己的幸福感评分。

结果显示，中彩票大奖的人在刚开始会受到强烈的快乐与幸福感的冲击。但是随着时间推移，彩票赢家的幸福感会逐渐变淡。最后他们甚至比那些因为意外事故瘫痪的人更难感受到幸福。研究人员这样总结道：中彩票在人们的想象中必然会很幸福，遭遇重大事故所带来的痛苦在人们的想象中根本难以承受，而事实正与之相反。

不要在金钱与幸福之间粗暴地画上等号，从天而降的财富未必是一件好事。有很多科学研究都表明，财富与幸福感的相关度并没有我们想象得那么高。比如，积极心理学之父马丁·赛利格曼曾组织团队，对 40 多个国家进行了一系列生活满意度调查。结果显示，一旦国民收入超过人均 8000 美元这个标准，财富与幸福感的相关度就消失了。

中了彩票大奖，幸福感会慢慢降低，直至最终消逝。这件事并不可怕，可怕的是陷入欲望樊笼中的人，从此变得消极颓废、毫无理性。正如马未都在节目中所说："国外也有，国内也有，中了奖以后日子并没有过好，越过越烂，妻离子散。"

其实，金钱也能买来幸福，前提是你能节制心中的欲望。哈佛大学教授迈克尔·诺顿提出，那些拥有不菲财富的人很难获得幸福感，可能是因为他们没有正确地去使用金钱。迈克尔经过调查发现，当一个人将金钱据为己有，他的生活毫无变化；当一个人用金钱去纵情游乐时，内心会变得越发空虚；当一个人将钱花在别人身上的时候，反能获得成就感。

迈克尔笑言，这或许是全世界的富豪都很热衷于做慈善的原因。2008 年，比尔·盖茨卸任微软 CEO（首席执行官），他第一时间宣布要将名下 580 亿美元的财产全数捐出去。2015 年，苹果 CEO（首席执行官）库克向公众宣称，在帮助侄子支付完大学学费后，他会捐出自己名下所有财产。

相关科研人员一再强调，不要将财富的多寡视为调控幸福感的手段，对幸福产生主要影响的其实是财富的使用与分配。可见，真正的幸福来自馈赠、付出，而不是占有。

当我们想要的越来越多，我们幸福的成本就越来越高。不懂得如何正确地使用金钱，不去积极地摆脱欲望的束缚，那么你一生很难体验到真正幸福的滋味。

作为普通人的我们，很难拥有足够的自控力去驾驭金钱、驾驭欲望，所以中彩票大奖对于我们而言极可能会演变成一桩桩祸事，却不一定能带来幸福。

电影《耳朵大有福》中有这样一段经典台词："我饿了，看到别人手里头拿着个肉包子，那他就比我幸福，我冷了，看见别人穿了件厚棉袄，那他就比我幸福。"它给予我们的启示是：幸福更多时候指的是一种自我感受和自我满足，是一种内在的精神诉求。

记住，金钱或许能带给你一时的快乐，但这份快乐和满足感很可能是浮于表面的，它很难延续下去。幸福也许离不开物质，但物质一定无法主宰你的幸福。

3
金钱能够体现你的人生价值吗

在一份关于"金钱与人生价值的关系"的调查问卷中，研究者设置了三个核心问题：

1.若一个人只是很有钱，你认为他是成功的吗？是哪种程度的成功呢？

2.你认为在实现人生价值的道路上，钱的重要程度是怎样的？

3.年薪达到100万元和每年抽时间去陪伴养老院的老人，哪种方式最能证明自己的存在？

扪心自问，如果是你，你会做出怎样的选择？越来越多的人将人生价值的实现与金钱联系在一起。他们认为财富代表成功，有钱的人生才有价值。这无疑是内心过剩的欲望在作祟。只是，这份欲望与贪婪根本无法为你的人生增值。

俞敏洪直言目前社会对成功的看法很浅薄，看到别人的名字出现在富豪榜上就觉得厉害，可是，"财富从某种意义上说是衡量成功的标准之一，但它不是一个绝对的标准。假如我们都以财富作为成功的标准，未来就可能会迷失在钱眼里，丢了自己的灵魂和精神"。

俞敏洪曾看过一部纪录片，由著名摄影家焦波及其弟子拍摄而成。焦波和弟子来到山东一个偏远的村庄，并"埋伏"在村庄里对当地老百姓进行了一年的跟踪拍摄。

片中最让俞敏洪感动的一个故事是，一个农民在年轻的时候是个"文青"，喜欢写作，酷爱玩乐器。但因为农村生活无比艰难困苦，最后他只能无奈放弃。突然有一天，他产生了一股想要学琵琶的强烈欲望。他的妻子对此十分鄙视，讽刺他人生过得太失败。

俞敏洪对那个男人却给出了极高的评价。在俞敏洪看来，这个男人最让人感动的地方在于他"活着不是为了吃喝拉撒，还需要有精神上的生活"。虽然男人生活条件艰辛，一辈子都没有取得任何世俗意义上的成就，但不能说他的人生就是毫无价值的。

我们每天都面临选择，而我们选择的依据与内心的价值取向息息相关。但当前社会中很多人的价值观都太过单薄片面，无论做任何事情，直接目的都赤裸裸地指向金钱。读书就是为了高人一等，创业就是为了挣更多的钱。好像只有这样，才能实现人生价值。

很多心理学家却告诫道，千万不要将人生价值建立在狭隘的自我满足上。这里的自我，指的是三种感觉：重要感、优越感、主宰欲。绝大部分人都认为金钱是满足这三种感觉的最有效渠道之一。正因如此，人们才会为了财富心甘情愿地付出很多代价。

可是，如果只靠这三种感觉去实现你人生的价值，去维系你活着的意义，迟早有一天你会被残酷的生活击溃。因为无论是重要感和优越感或是主宰欲，都是很虚的概念，很容易失去，毕竟"人外有人天外有天"。执着于这三种感觉，你会活得很辛苦。

陷入欲望泥沼的人，总是倍感压力，活得焦虑不安。这样的生活状态，反而会阻碍你去实现真正的人生价值。智慧的人却会端正"三观"，积极跳出"自我"。财富，可能是他们努力过程中不期而遇的收获，却永远不会成为他们努力的目标。

高晓松曾感慨道，有一次他回母校演讲，原本指望学生们能提出更多有深度的问题。他激情昂扬地对所有人说"人生不只眼前苟且，还有诗与远方"，结果底下的年轻人却纷纷问出"毕业了该去国企还是外企""怎么找到薪资更高的工作"这一类的问题。

原本代表社会希望、国家未来的年轻人，却甘愿被欲望所束缚，且坚定认为一份更能挣钱的工作、更多的财富才能体现自己的价值，这无疑是很可悲的一件事。

卢梭说："人生的价值是由自己决定的。"电影《无问西东》中沈光耀的故事告诉我们，人生中除了金钱、地位、优质的生活条件，还有很多更重要更有意义的事情。

沈光耀原本是一位富家公子，英俊逼人，家世丰厚。母亲希望他能继承家族财产，继续过轻松舒适的生活。但在沈光耀看来，这种日子味同嚼蜡。他心里十分清楚，他人生的意义不在于享受，而是维护祖国的尊严，保护受苦的百姓。

唯有为国杀敌，才能让他的价值得到淋漓尽致的发挥。于是，他毅然加入了空军，最后壮烈牺牲。

诚然，在当前的社会中，金钱一定程度上能够帮助你实现人生价值。正如蔡康永所言："拿到钱之后，我们才有资格体会钱对于人生的意义。"可是，金钱并不能代表人的所有能力，千万不要将财富作为你人生是否有价值的唯一判断标准。更不要将人生价值寄托在单纯的自我满足和金钱享受上，努力为自己的生活赋予更高的意义和更丰富的内涵。

过剩的金钱欲望会变成恶魔，吸干你所有的"精气神"，让你变成一具脑袋空空、盲目追逐金钱的行尸走肉。想要实现自我人生价值，先树立正确的人生观和价值观。

4

别在"享乐跑步机"上疲于奔命

韩剧《女人的香气》描述了这样一个令人心碎的故事，李妍采是个大龄未婚女青年，多年来她拼尽全力地去工作，每日早出晚归，只为了能挣更多的钱。上司对她百般刁难，她言听计从，不敢有丝毫反抗。同事对她暗中打压，她默默忍受，委曲求全。只要看到存款上的数字与日俱增，李妍采就感到由衷的幸福与快乐，似乎吃再多苦也值得。

或许是因为从小家境贫寒，她对金钱有着异乎寻常的欲望。她平生最大的梦想是存钱买房给母亲，然后再找个好男人结婚。为了过上梦寐以求的生活，她付出了太多。然而，一个坏消息彻底击溃了她。原来，她已经患上了末期癌症，生命只剩下六个月……

美国社会心理学家菲利普·布里克曼说，在"享乐跑步机"上疲于奔命的人，最终却会绝望地发现，原来他们一直在原地踏步。他这样解释道："就在我们全神贯注于某种特定成就的满足感之际，这份满足已经逐渐淡去，最终将被另一种冷漠与另一个层次的努力所取代。"医学博士伯恩斯在其著作中一针见血地指出："人是欲壑难填的动物。"

不可否认的是，我们疯狂地追逐金钱，是因为它能带给我们快乐与满足感。可是我们会很快从心理上适应这种愉悦感，它并不能持久。大多数人薪水增长速度永远也赶不上这种愉悦感保持或递增的速率。可内心焦灼的欲望却鞭策着我们永不停歇地奔跑在"享乐机"上，自以为在前进，实际上始终原地不动。自以为获得了很多，实际上一直在失去。

汤姆·克鲁斯主演的电影《杰里·马圭尔》中有这样一幕：男主角杰里被上司炒了鱿鱼，他怒气冲冲地离开了公司。临走前，他大声地问："谁愿意和我一起走？"

原本埋首于工作的人纷纷抬起头看向他，眼里流露出渴望的眼神。可没有人敢将那句"我愿意"说出口。空气凝固了，整个公司顿时鸦雀无声。一位中年女人踌躇良久，终于勇敢地站了起来。她犹豫着说："我愿意……可是再过三个月我就能得到升职了。"

很多人工作起来加班加点，废寝忘食。可谈及努力的原因，他们却迷茫不定。有的人一口断言，他之所以如此拼命，不是为了实现价值和理想，而只是为了挣钱换大房子、买更好的车。有人说，他想要过更优质更舒适的生活，而这只能用金钱来换取。

原来，我们牺牲了身体健康，牺牲了与家人爱人亲密相处的时光，只不过是为了让存款上的数字直线上升。与日俱增的金钱欲望，像毒品一样麻痹着我们的快乐神经。

可现实是，人生这场旅行并未设置返程票。当你为欲望所累的时候，你再也没有时间领略窗外的风景。你失去了陪父母老去，陪孩子长大的兴趣与耐心。

于是，越来越多的人变成了"毛驴"，被欲望蒙上了双眼。我们闻着近在眼前的食物的香甜气息，日复一日地拉着生活之磨。虽然越来越疲乏、不快乐，却没有人反抗。也许只有像李妍采一样猛然遭受生活的噩耗，我们才会幡然醒悟，这一切并不值得。

印度电影《人生不再重来》中，男主阿琼在别人看来仿佛掉入了"钱窟窿"，是个不折不扣的"金钱奴隶"。他疯狂地工作，无时无刻不在想着他的股票和挣得的报酬。工作占据了他的生命，他更差点儿让金钱夺走自己的良知。他的两个好朋友策划了一场旅行，千方百计地邀请阿琼加入。而正是在旅途中，阿琼渐渐明白了快乐的真谛。

阿琼遇到了女孩莱拉，并深深地为她所吸引。他告诉莱拉：

"我要拼命工作赚钱，到40岁就享受人生。"莱拉看着他的眼睛，反问道："你怎么知道你能活到40岁？"

这句话彻底颠覆了阿琼的世界观。莱拉对自由的向往深深感染了他，在莱拉的熏陶下，阿琼的心态逐渐松弛下来。他体会着旅途中新鲜的一切，重新思索起了生命的意义。

当我们拥有了一定的财富时，短暂的快乐后，耳边便随即响起一个声音："这远远不够，还要得到更多快乐，我必须更努力。"因为我们总是想要住更大的房子，买更豪华的车子和更好的物品，接下来的日子里，我们恨不得将自己变成一架"挣钱机器"。

欲望是海水，只会让我们越喝越渴。当我们陷入了一个无限循环的欲望陷阱里，疲于奔命时，人生就此苍白失色毫无意义。愿你也能像阿琼一样，有跳下"享乐跑步机"、真正为自己活一次的勇气。这时候，你会发现生活中除了金钱，还有无数美好的事情在等待着你。

5
你的问题是有挣1亿元的欲望，却只有1天的耐心

朋友圈里曾流传着这样一个故事，一个男人立志要在四十不惑的时候成为亿万富翁。谁知兜兜转转多年间，他始终没能成功。35岁时，男人预感到自己再不转型就来不及实现梦想了。于是他不顾家人劝阻冲动地辞职去创业，希望能一夜致富。

他拿出前半生的积蓄，投入不同的行业，开旅行社、咖啡店、花店，可惜每一次都血本无归。他的妻子绝望之际，寻求到一位高僧的帮助。在她苦口婆心的劝说下，男人终于同意随妻子见一见高僧。夫妇两人来到僧庙的庭院中，只见高僧捡起一把扫帚，递给男人："你先将庭院落叶通通打扫干净，我再来告诉你挣得一亿元财富的办法。"

　　男人兴奋不已，痛快地接过扫帚打扫起来。庭院广阔，地上落叶铺了厚厚一层。男人从这头扫到那头，好不容易将落叶扫成一堆堆。他回头一看，却发现之前扫干净的地面上又铺满了落叶。他气急败坏地加快速度扫起来，谁知无论他怎样努力，都无法赶上树叶掉落的速度。最后，他将扫帚一扔，跑去质问高僧："你是在故意逗我玩吗？"

　　高僧沉默片刻，说："这地上的落叶好比欲望，它随风而落，层层盖住了你的耐心。可惜，没有耐心，何来财富？等到冬天树叶落光这庭院才扫得干净，你却希望在一天之内扫完……"

　　有人说："耐心是财富的声音。"可惜，大多数人的耐心都被内心汹涌纠缠的欲望牢牢捆绑。随着野心越来越大，耐心却日益消减。急于求成，急切地想要翻身改变命运，渴望财富梦想早日实现。当这些欲望操之过急而又无法实现的时候，我们百爪挠心，备受折磨。

　　而面对未知未来满怀耐心的人，通常更容易获得财富青睐。因为他们总能及时地按捺住内心的欲望，同时具备延迟满足的能力。著名的"斯坦福棉花糖实验"便证明了这一点。

这个实验由斯坦福一位心理学家发起，实验对象为一批孩童。心理学家给了孩子两项选择：马上得到一样奖励，比如一个棉花糖；或等待一段时间，得到两个棉花糖。

根据实验结果，我们发现，那些为了获得更多奖励而坚持忍耐更长时间的孩子，往往能在今后的人生路程中获得更好的发展，也更容易积累下财富。

耐心和欲望，从来都是事物的两极。具有生存智慧的人会不断培养自己的耐心，同时通过各种渠道去驯服内心的欲望。当他们将欲望装进理智的笼子里，自身的忍耐力也达到顶峰时，面临生活、工作中的任何难题都会游刃有余。财富也在这时不期而遇。

一次演讲中，扎克伯格提到一件事，22岁时，他所创办的脸书（Facebook）遭遇危机，一度来到破产的边缘。很多人找到他，希望能买下脸书。那些人的出价一个比一个高，甚至有人开出了天价，却都遭到了扎克伯格的拒绝。多年后，扎克伯格坦言，那时候他并非不动心。毕竟只要他点点头，顷刻间就能从一个囊中羞涩的年轻人变成一个有钱人。

但他硬生生地忍住了这些欲望。他不断地提醒自己，要稳住"军心"，发热的头脑这才慢慢冷却下来。凭着惊人的意志力，他熬过了那段危险期。随后，他又和创业伙伴们耐心经营，稳扎稳打，终于一步步将脸书做大做强，并成为全球身价最高的人之一。

华尔街传奇人物杰西·利物莫有句经典名言："我赚到大钱的诀窍不在于我怎么思考，而在于我能安坐不动，坐着不动，明白吗？"如果你有着强烈的发财欲望和野心，与其压抑欲望，不妨试着和欲望和谐相处。最好的办法是，磨炼自身的耐心。

可惜的是，生活中急功近利的人比比皆是：看到别人创业成功了，一窝蜂地辞职创业，还没摸准门道便幻想着一夜致富；接触到一个新项目，一刻不停地在朋友圈里刷屏宣传，还没坚持两个月便又投入了一个新项目……他们的问题正在于，欲望太多，耐心却少得可怜。

华尔街有个说法："你如果能在股市坚持 10 年，你应该能不断地赚到钱；你如果坚持 20 年，你的经验将极有借鉴的价值；如果坚持 30 年，那么你定然是极富有的人。"

在柏拉图的哲学观中，耐心是一切聪明才智的前提与基础。让欲望变现的关键正是耐力。对于成功来说，耐心能起到的作用甚至大于头脑。所谓欲速则不达，不放平心态，很难走出欲望的牢笼。一旦内心杂念过多，就更难突破现实处境，实现你梦寐以求的逆袭。

有多大的欲望赚钱，就要用多久的耐心等待。记住，忍耐是智慧的前提，智慧是财富的前提。而一个没有耐心的人，做什么都会失败，想要获得成就难上加难。

6

一夜暴富是幻想，脚踏实地才是真理

电影《西虹市首富》中，最吸引人的莫过于神秘富豪设置的"十亿大挑战"。片中很多人面对从天而降的财富，瞬间"三观"颠倒丑态毕露，令人爆笑之余又引起深思。有网友评论道：金钱或者说欲望本身是不分好坏的，但通过它们却能尽览人间百态。

一夜暴富的故事大多发生在影视剧中，在错综复杂的现实生活中，唯有脚踏实地才是真理。正如李大钊先生所言："凡事都要脚踏实地去做，不驰于空想，不骛于虚声，而唯以求真的态度做踏实的功夫。以此态度求学，则真理可明，以此态度做事，则功业可就。"

著名财经作家吴晓波曾采访过网易创始人丁磊。吴晓波这样问道："你作为曾经的中国首富有什么感觉？"丁磊侃侃而谈，神态中尽显从容与淡定。

他说，从当初创办网易到2000年网易在纳斯达克上市，他用了三年。从白手起家到一举跃升为首富，他用了六年。可近十年来，当BAT（百度、阿里巴巴、腾讯）忙着抢占风口时，网易却选择深耕核心业务。在这一过程中，不断有人说网易没落了，马上要被淘汰了。这些声音一度让他困扰。

丁磊坦言，虽然他也很渴望能带领网易继续攀登高峰，延续当年的辉煌，但他此时唯一能做的，就是在熟悉的领域内做好自己的事，始终脚踏实地，勤恳务实。

像丁磊一样在欲望面前做到淡然以对的人少之又少。很多成功人士因为时代机遇等诸多原因乍然暴富后，欲望也到达顶点。一旦境遇不如从前，内心只会逐渐失衡。对财富、地位的欲望会越发根深蒂固地扎根于他们灵魂深处，导致他们为了挣钱无所不用其极。

能选择用"脚踏实地"这四个字去对抗欲望的人，都有着无上的智慧。内心欲念越强，越要守住本性，切切实实地展开行动，脚踏实地地去奋斗。

"奇葩说"有一期辩题，名为"他真的很努力，是不是一句好话？"有人说，从这个辩题就可看出当今的社会价值观究竟有多畸形。"努力"几乎快变成一个贬义词。提起"脚踏实地"等概念，年轻人也总是不屑一顾，觉得这些都是鸡汤，对人生毫无帮助。

对脚踏实地等优良品质的不屑与无视只会让普通人的人生变得越来越艰难。哪怕我们幸运地拿到了一夜暴富的"剧本"，也驾驭不住那突如其来的财富。欲望会一点点突破我们的心理防线，将我们改造得面目全非，直至彻底沦为金钱的奴隶。

拿《西虹市首富》中的柳建南来说，他原本是一位青年学者，西虹市的十大杰出青年之一，演说家、教育家。他文质彬彬，文化功底深厚，深得女主角夏竹的喜爱。

可是，当王多鱼在柳建南面前甩出一沓沓钞票时，他的信仰却顷刻间倒塌。他不再踏踏实实地去讲课、去奋斗，却放下本职工作自愿申请成为王多鱼的园丁。后期的柳建南无所不用其极地拍着王多鱼的马屁，那副谄媚的嘴脸令人生厌。欲望彻底激发出了他性格中的所有卑劣因素。所以，当王多鱼的竞争对手使出美女攻势以及金钱攻势时，他迅速倒戈……

达利欧在《原则》一书中阐明了这样的道理：乐于脚踏实地去奋斗的人并非没有欲望，只是他们从不空想，更不靠所谓的"捷径"去实现欲望，而是扎根于现实。那些致力于推动社会进步的实干家十分了解现实运行规则，亦知道如何中肯诚实地去应对现实。

作为世界范围内最成功的人物之一，达利欧的生活原则可以用九个字来概括：仰望星空和脚踏实地。我们亦可模仿他的生活姿态，将自身对财富的欲望转换为梦想，日复一日地去精进技能，努力提升自身价值。如果你能做到脚踏实地，欲望反而变成了一件好事。

一位作家曾在文章中这样写道：除了那些天生"躺赢"的"富二代"，绝大多数人想要实现财富梦想，最好尽自己最大的努力做到三件事。首先放下对薪资高低的执着，尽力去最大最好的平台。或者去行业前景很好的平台，而不在意一时的得失。

第二件事就是不断地试错，不计回报地多做事少抱怨。尽早找到事业入口，才能尽早地实现财富自由。前提是，我们永远不能放弃尝试，并不断做好总结与反思。

第三件事是尽量靠近那些务实、具有"富人思维"的人。如果你总是与那些满嘴"暴富神话"的人待在一起，还对他们言听计从、崇拜不已，永远也赚不了大钱。与踏踏实实做事的人一起共事，了解他们的思维方式，学习他们刻苦钻研的精神。

当你想要变得脚踏实地的时候，不妨按照以上这三条标准来衡量自己。林语堂先生曾经在《有不为斋随笔》中写道："金钱能使卑下的人身败名裂，而使高尚的人胆壮心雄。"追求财富无可厚非，前提是不要太过于贪心，更不要不择手段地去争夺、攫取。

无数事实证明：在这个物欲横流的社会中，越是脚踏实地的人，越能够脱颖而出；越是幻想一夜暴富的人，越容易被欲望所伤，最后落得个伤痕累累、一无所有的结局。

7

在金钱诱惑中守住底线的人，运气都不会差

作家史铁生曾说过这样一段话："生病的时候，怀念那些不生病的日子。病重的时候，又怀念病轻的时光。人总是这样，很多时候，我们不知在想什么。漂亮了还想更漂亮，钱多了还想更多些。我们都没有自己的底线，得到时，还想得到更多；失去时，却从未想过，还有比失去更糟糕的事情。心中的沟壑不断地被各种欲望填满，压得喘不过气来，甚至停不下脚，看一下周围美丽的风景。"

《史记》有云："欲而不知止，失其所以欲；有而不知足，失其所以有。"不给欲望设置底线，轻易地向诱惑低头，最终只会酿成无法挽回的悲剧，让你失无可失。而那些能在利益面前守住良知，在金钱面前把握底线的人，命运都会给予他特别的馈赠。

马云曾向中小企业代表介绍创业经验，他诚恳告诫道：欲

望要有底线，一定要禁得住诱惑。当初阿里巴巴上市时，马云及其团队对认购的预期是 400 亿美元。

让所有人喜出望外的是，第一站香港地区路演后，阿里就已经成功募集到 360 亿美元。去新加坡时，这个数字飙升至 600 亿。最后到达纽约时，阿里已募集到 1800 亿美元。

马云这样说道："我们最初预定的发行价是 12 港元，人家看到这么好的路演情况，说发行 24 港元都可以。每股多 1 港元，合起来就多 10 亿港元啊。我们若将发行价提高到 24 港元，就会比预期多出 120 亿港元。这是多好的发财机会。"

然而，马云当晚却紧急召集团队开会，他皱着眉头告诉大家，贪婪一定会付出惨痛的代价。经过激烈的讨论，大家最终决定将发行价定在 13.5 港元。

影视剧中常常会出现这样的桥段：某人想在做完这最后一件事后就金盆洗手，从此隐退江湖。问题是，这往往预示着一条不归路。现实生活中，不断有人踏上这条"欲望旅程"，就此万劫不复。"我就破例这一次""这是最后一次，从此洗心革面"……

正因为少了明确的制约与底线，欲望才会如泄闸的洪水喷涌而出。什么是底线？底线意味着不可妥协的领域。面对一个光怪陆离、充满诱惑的市场，我们都该牢记"有所为有所不为"的道理，不给自己任何借口，无论何时何地都坚守原则和底线。

面对不断升级的欲望，不同的人有不同的对待方式。有的人会适当地控制欲望；有的人却毫无节制地放任欲望。对此，一位心理学家告诫道，人的欲望就像开快车，若事先没有限定车速，一味追求飞驰的快感，也无及时刹车的意识，那么结果只会是害人害己。

既然无法摆脱欲望，那就及时给自己的欲望设定底线和标准。在这个标准上，我们能圆满实现理想、活得自由畅快，而不必损伤他人的利益、践踏法律的尊严，乃至危害到社会的安全；在这个标准上，我们的身心始终处于一种乐观积极而又平稳的状态之中，而不会被自私、贪婪的人性所拖累，更不会因一时的满足而沉溺于长久的痛苦中。

美国船王哈利在儿子 23 岁生日那天带他进赌场历练。船王为小哈利设定了一个原则：要见好就收，切莫赌红了眼。赌桌上，小哈利第一次赢了很多钱。正在兴头上的他将父亲的教导抛到脑后，怎么也不肯离开赌场，他安慰自己，再赢最后一把，谁料赌上全部后，他差点儿输个精光。这时候，他更不愿意离开了，一心只想翻盘，结果他输了更多。

经过多次的磨炼后，小哈利渐渐明白了父亲的良苦用心。后来，他与父亲分享自己的经验，说自从经历那次惨痛的失败后，他便给自己定下规矩，每次进赌场前都要预先留出50% 的赌资，无论输赢都不会动用这部分资金，且会及时离开，船王听了感慨道："聪明的人懂得给自己的欲望设置底线，他们会在触及底线前悬崖勒马。"

想要保持欲望的底线，就要学会"修心"。顺境时，把控得住方向，避免得意扬扬妄自尊大；逆境时，放平心态，始终以公平客观的眼光看待眼前得失。哲人说，人生中最艰苦的战争是与自身欲望的战斗。耐心地与"心魔"斗智斗勇，迟早能成为真正的赢家。

想要保持欲望的底线，不妨给自己设置一个宏大而长远的目标。心无目标的人才会这也想要那也想要，而志向远大的人却很少为眼前的诱惑而折腰。他们将所有的心思和精力一股脑地倾注在宏伟的事业和个人的发展上，总能意志坚定去抵御不良欲望的侵扰。

对于整个社会来说，若人人都能坚守底线，社会环境才会越发和谐、清新。对于个人来说，若能准确把握住欲望的底线，才能在人生的旅途中步步走稳，最终完全站稳脚跟。

有人说："底线，是命运沉浮的分界线。"请永远不要向金钱欲望低头。只因最值得我们追求的是"事能知足心常惬，人到无求品自高"的至高境界，而不是如火如水的贪欲。

第七章　处处争强好胜的欲望，让你变得虚荣扭曲

1

"追求比别人幸福"会让你变得更不幸

四处借债举办豪华婚礼，刷爆信用卡买房买车买奢侈品，只为了让自己成为朋友圈中最有面子的那个人；硬生生挤向国企或者公务员大军，哪怕挤得"头破血流"也不在乎，重要的是说出单位名称就能收获所有人羡慕的目光；冲动地辞职创业，是因为给别人打工听起来就很憋屈……处处都争强好胜的你，最后却过得越来越不幸福。

白岩松说："当你追求的不是幸福，而是比别人更幸福时，快乐就要远离我们了。"人的攀比心是一件正常的事，由攀比心引发的欲望一定程度上能激励你奋勇前行。但那种越来越严重的阴暗攀比心理却会让你慢慢遗忘初心。这正印证了一句话："过度的欲望能吃人。"

一则短片揭露了人性的黑暗面：一片汪洋大海中，飘着一个正方形的物体。它由一块块石头组成，一群小蚂蚁生活在物体表面。那时候，所有蚂蚁都处于相同的高度，大家都很开心。然而，当有人非要享受高人一等的感觉时，欲望便有了滋生的土壤。

一只小蚂蚁看到身边的同伴比自己站得更高，顿时觉得很不甘心。于是，它废寝忘食地挖起了石块，码得越来越高，想要超过身边的同伴。当大家都这样做的时候，地下的地基渐渐被掏空。最后那只小蚂蚁终于站到了最高处，可地基却摇摇欲坠起来……

有人说，欲望和攀比是这个越来越繁荣、发达的商业社会的"副作用"。太多人穷其一生，就是为了日后能住豪宅开名车穿名牌。在他们看来，这就是幸福。事实却是，盲目追求这种表面上的幸福，只会让我们变得越来越不幸。

虚荣与欲望是"闺密"，常常结伴而行。虚荣像"酸雨"，腐蚀掉了人们的天真，为欲望打造出最好的温床。虚荣心越强、欲望越大的人，越是无法安心地去生活、工作。然而，折腾到最后，你却发现梦想中的幸福离自己越来越远，目之所见都是一片灰暗、颓丧。

虚荣又充当着嫉妒的"先锋"。当虚荣之火在人心里越烧越旺时，嫉妒便得到了"登场"的机会。它一点点蚕食人的理智，促使人做出越来越多的错误决定，人生因此而失控。

物质上与人争强好胜，只会让你变得越来越穷。在满足自身一定的物质需求的情况下，及时浇灭内心过多的欲望，如此才不会陷入越花越穷的恶性循环中去。

事业上与人争强好胜，只会让你发展得越来越差。其实，每个人都有着属于自己的事业轨迹，很多人却看不透这一点。他们只顾盯着别人光鲜的履历和傲人的工资，却看不到对方的付出。正因他们眼高手低，不断辞职换工作，工资才越来越低。

感情上与人争强好胜，会让你永失幸福的滋味。每个人都拥有自己的感情经历和自我感知幸福的方式。有些人，却一味盯着别人的幸福眼馋不已。他们啧啧称赞着别人伴侣的优秀，却对身边那个一路走来一直十分珍惜自己的人视而不见，最终永失幸福。

可见，追求比别人幸福，会慢慢毁掉一个人。从让你生出攀比心开始，若不加以控制，你最终会在欲望的驱使下一步步丧失理智，活成别人的附属品。

孔子说："君子矜而不争。"想要获得幸福，先放下过多的欲望，放下无谓的争取。杨绛曾翻译兰德的诗："我和谁都不争，和谁争我都不屑；我爱大自然，其次就是艺术；我双手烤着生命之火取暖；火萎了，我也准备走了。"有人说，这正是她一生的写照。

杨绛让人印象最深刻的，莫过于她淡泊名利，与世无争的性格。人们提起她，总冠以"钱钟书妻子"的名头，好像她没有自己的名字一般。但她总是笑笑，坦然接受。

与她同一时代的文人学者，多少人争着抢着想要出人头地，可她却毫无争名逐利之心。她读书写作，翻译治学，都是为了陶冶个人情操，满足个人的志愿。

杨绛回望一生时，这样总结道："我这一生并不空虚：我活得很充实，也很有意思，因为有我们仨。'我们仨'其实是最平凡不过的。谁家没有夫妻子女呢？至少夫妻二人，添上子女，就成了我们三个四个五个不等。只不过各家各样儿罢了。

我们这个家，很朴素。我们与世无求，与人无争，只求相聚在一起，相守在一起，各自做力所能及的事。"

处处争强好胜的欲望，会一点点吞噬掉我们的幸福感。真正有智慧的人却能将最朴素平凡的日子过成一首充满芳香的诗，将相守变成最有趣的事。

那些想要的越来越多，却始终处于一种欲求不满的状态中的人，只会过得越来越糟糕。还不如放下执念，无拘无束地享受最简单的快乐，用自己的方式去定义幸福。

2
在朋友圈里秀努力，只会让你离优秀越来越远

深夜 12 点，在朋友圈里更新一条状态："熬夜加班中，年轻就是用来奋斗的。"

周末下午，拍下凌乱的书桌和电脑屏幕发朋友圈："美好的周末，继续奋战！"

连续七天在健身房里打卡，每次都配上一张美美的自拍："努力的人最美最可爱。"

如今，在朋友圈里秀努力的人越来越多了。充满"羡慕嫉妒恨"的点赞与评论极大地满足了他们的虚荣心。从心理学的角度来说，"晒"的背后代表着一种欲望和渴求。换一种说法其实就是"条件自尊"，意味着那些喜欢晒努力的人，其实是将自尊心建立在了他人的评价和外部环境的反馈上。可有

句话说得好："越是缺什么，越是秀什么。"

处处想要高人一等的欲望令他们固执地活在自己一手塑造的网络世界里，靠"表演"努力来获取一种虚假的满足感。然而，因为欲望而亲手营造的假象迟早会被现实毫不留情地戳破，你的低端勤奋非但不会让你更"值钱"，反而会让你迅速地"贬值"。

蔡康永在某次接受记者采访的时候这样说道："看一下我们的朋友圈，就知道我们为了要营造那个给别人看的橱窗，压抑了多少自己。我们绝对不会拍一碗烂透了的阳春面。如果我们拍了一碗阳春面，那我们就是在撒娇，我们希望别人看到会说，你工作这么辛苦才吃这么一点点。我们有种种的原因，希望在朋友圈表现出一个我们要索取别人认同的这种习惯。"

他的话引起一片赞同。最后，他总结道："我们要恭喜那些不发朋友圈的人，我宁愿相信他们把大部分的心力拿去对付真实的生活，我会恭喜他们找到了生活的重心。"

那些真正优秀的人，首先会过滤掉过多的欲望和杂念，然后再全身心地投入工作和学习中去。只因努力是一件多么正常和平常的事情，根本没必要去"炫"、去"晒"。在他们看来，有时间去发朋友圈，去在乎那些虚伪的评论，还不如多看两本书，多背点儿单词。

《欢乐颂》中，曲筱绡刚认识安迪时，误以为她是个依附权势获得名利、财富的女人。相处久了，才发现安迪所拥有的富裕生活都是靠自己努力获得的。只是，安迪从来都不会在别人面前彰显自己的勤奋与努力。她从小是个孤儿，虽然身份背景并不优越，她却凭借着常人难以想象的刻苦与努力考入哥伦比亚大学，后闯荡华尔街，成为金融精英。

回国以后，她在一家著名公司担任高管。让人佩服的是，安迪无论前一天晚上工作到多晚，早上起来必然坚持晨跑。每天她至少挤出两小时来看书学习。所以当她出现在众人面前时，都是一副精力充沛、自信满满的样子，从未有过颓废的时刻。

只有远离攀比与虚荣，远离虚假的努力，你的人生才有可能发生质变。想要变成一个高效能的优秀人士，可以试着在每次开始一天的工作前花几分钟时间来整理、定义那一天最重要的3~5件事情。这能大大提升你的整体效率。最怕的是你一边盲目工作，一边忙着拍照发朋友圈，却对自己这一天最该做的事情一无所知，这样何谈高效与专注？

平时工作的时候，我们总是会被时不时弹出的微信消息、短信等吸引走全部的注意力。等回过神来的时候，时间早已被浪费掉大半。为了避免预定好的工作流程被打断，你可以划出一个时间集中处理这些事情。比如，集中在中午休息的时候统一查看微信、短信、邮件及朋友圈信息，重要的消息及时回复，不重要的晚上下班后再处理。

另外，不妨用自我测评的方式来取代在朋友圈里秀、晒的行为。每隔一段时间就给自己的表现打个分，看看自己有哪些进步，还有哪些不足之处。比如，每天运动一小时的目标，完成了吗？之前在工作上遇到的难题，解决了吗？是怎么解决的？依靠自己的努力还是寻求他人的帮助？只要多多反思自己，不断总结经验，很快你便能取得肉眼可见的进步。

试图与别人攀比努力的程度，不过是因为内心毫无底气。那些真正努力的人，没时间去糊弄别人、感动自己。只因努力本是人生的常态，与其在朋友圈里表演热血激情，不如在现实中真正勤恳努力。从此刻起，尽量去降低内心的攀比欲望，好好地为自己努力一回！

3

为什么有些人喜欢用豪车和奢侈品来炫耀

知乎上有这样一个问题："你们朋友圈里那些土豪都是如何炫富的？"

一个高赞回答中，答主截出了自己朋友圈里的很多照片：明明是一张微笑自拍，明眼人却一眼看到背景角落里奔驰车的标志；拍个手里正在吃的生煎包，露出手腕上那块明晃晃的金表；在朋友圈里晒美食，却"不小心"拍到一堆奢侈品包装袋的 logo……

为什么很多人喜欢用豪车和奢侈品来表现自己？相关心理学家分析说，豪车、奢侈品之所以会对人们形成持久的吸引力，可能是源于人们对阶级制度的默认。

2011 年，荷兰研究者曾出具一份报告，报告内容显示：

人们倾向于更顺从那些身上带有名牌 logo 的人，当这些人代表慈善机构来请求他人资助时，后者更愿意相信他们，在经济活动中也更愿意支持他们。只因大家默认带有名牌 logo 的人可能拥有更高的阶级地位。

在 2014 年的一篇研究中，作者提出这样的观点：虚荣心强、无比在意社会阶层的人，更易受名牌的吸引。这样的人可能拥有不太理想的经济地位，或者曾经体验过一段屈居人下的日子，如今实现了逆袭，抑或他们所处的社会大环境中阶级分层体现得更为明显。在这种畸形的社会风气的影响下，人们拼命地比来比去，只为了争取更多的存在感和价值感。

在某些人的心里，一股极想出人头地的欲望像火焰一样在燃烧。正因如此，他们才会对别人的一举一动都十分关心，恨不得拿着放大镜将别人的生活里里外外都看个究竟。

同时，他们又无比在乎他人的眼光与评价，极其渴望得到认可。而豪车、名牌手表、奢侈品便成了他们彰显身份与地位的工具，是他们满足虚荣心的"法宝"。

2018 年，一张赴美面签的炫富朋友圈截图遭到人们的疯狂转载。发出这条朋友圈的是一位女律师，她用轻佻的语气写道："去面试花了近 5 万块在巴黎买的 2017 年最新款包包真不放心交给签证门口的'叫卖大妈'保管……"面试过程是这样的："带齐了所有证件，一个没用上，用了当年考雅思的技巧，穿了平时开庭穿的整套 Burberry 衬衫西服，香奈儿 13 寸的黑色高跟鞋，在等待时将羊毛大衣搭在手腕上，偶尔

看下卡地亚的表……"

最后她"无意"中提到了自己北京的房本:"早知道面试很简单,我就不麻烦老爸回家找房本了。""炫富"女律师种种出格言论在网上掀起轩然大波,律师协会公开宣布对她进行调查。调查结果让人大呼意外,原来女律师在网络上的言论中有很多满足自己虚荣心的假话。

越是虚荣自卑、脆弱敏感的人越喜欢与别人攀比,也更习惯用炫富的方式来彰显自己的价值。只因自信不足,才要拿豪车、奢侈品来给自己壮胆。甚至有些人会"打肿脸充胖子"将自己包装成土豪,在朋友圈里肆无忌惮地扮演着另一个光鲜亮丽的自己。

而那些真正的强者却过着低欲望的、拥有细腻质感的生活。他们从不做无谓的攀比,向来低调而又努力。亦舒说:"内心真正富足的人,从不炫耀拥有的一切,他不告诉别人读过什么书,开过什么车,去过什么地方,有多少件衣裳,买过什么珠宝,因为他没有自卑感。"

2019年,发表在 Reddit(红迪网)上的一篇文章引来很多美国民众的关注。作者称,美国如今的精英阶层们很反感用奢侈品来炫富,而"炫耀性消费"在美国社会也早已经终结。

真正的精英阶层们很少与人攀比谁的房子大,谁的资产多。他们更倾向于将钱花在子女的教育方面或者个人成长、精神享受等方面,这是他们最大成就感与满足感的来源。

很多有钱人反而不会去炫富。他们恨不得将每一分钱都花在刀刃上，日子过得要比普通人简朴、实在得多。他们早已摆脱了炫耀的欲望，不为徒有其表的东西付出时间和精力。

也并不是所有普通阶层的人都会被自身的虚荣心所蒙蔽。很多人虽然生存质量不尽如人意，却有着极其丰富的内心世界。他们勇于做真实的自己，也乐于在他人面前展示自己真实的生活。他们懂得知足常乐的道理，始终对自己拥有的一切心怀感恩。

心理学家强调说，个人用豪车和奢侈品来炫耀自己的行为本身不可怕，可怕的是它可能会引发他人越来越多的邪念与欲望。在一座座"欲望都市"里，一个欲望好不容易被满足，更多的欲望又会像野草似的争先恐后地疯长。被欲望控制的人生，要多可悲有多可悲。

曾经看过一段话："这个世界上，除了别有用心的人，没有人会因为你穿了一件昂贵的衣服而更尊重你；这个世界上，值得相交的人，从来不会盯着你的财富与你交往；这个世界上，再厉害的人都会遇到更厉害的人，低调内敛的才是真正厉害之人。"拥有坚韧灵魂的人从未想过去炫耀什么。他们的内心越是丰盈，生活便越是简朴，言行便越是低调。

4

不争一时之长短，大收获都需要时间来等待

庄子曾讲过一个故事，有一类钓鱼人总是扛着钓竿，拎着

水桶四处奔走。他们一会儿去河边，一会儿去江边，看起来每天都有所得，实际上每次收获的都只是些小鱼小虾。

有一位任国的公子却十年如一日地坐在靠山脚的海边钓鱼。他使用的钓钩像铁锚一样硕大，钓绳像水桶一样粗。这十年来虽然他没有一日放弃过钓鱼，却始终一无所得。旁人纷纷议论说，这个人很怪。然而，十年后的某一天，公子突然钓到了一条大鱼。他费了九牛二虎之力才将鱼拖上岸，并号召全国人都来享受这条滋味鲜美的大鱼，结果过了很久都吃不完。

故事中钓小鱼小虾的人和钓大鱼的公子最大的区别在于，前者受欲望而推动，急功近利，不甘落于人后；而后者却胸怀理想，宁可用时间去耕耘，从不与人争一时之长短。

相关心理学家分析说，"被动"是欲望最大的特点，而这种被动感很难被人意识到；而理想则是自主的，实现理想的过程就是实现自我思想、情感和意志的过程。

如果生活的动力是欲望，那么人努力的目标很容易偏离正确的方向。最典型的莫过于那些热衷于攀比的人，正因他们处处争强好胜，追求的过程才越发缺乏耐心。一旦目标没在短时间内达成，他们便自觉羞愧，焦虑不已，认定自己先前的努力都毫无价值。

只因欲望通常是防御性的，欲望强烈的人看起来动力十足，实则"色厉内荏"、毫无韧性。生活中，总能见到这样一群年轻人：他们有着强烈的证明自己的欲望，若看到别人在一个领域取得成功，便不顾现实条件、不计后果地投入其中，正是虚荣心让他们变得盲目。

一旦遭遇困难，他们的动力便会立马减弱。有的人若在此时看到了新的成功契机，又会抛下现有一切，冲动地转向新的方向。对于这样的人来说，做什么不重要，成功才最重要。

而受理想驱动的人都有着一个典型的特征：不争不吵不计较，却也不抛弃不放弃。他们讨厌拿自己和别人做比较，只因他们追逐理想的过程就是自我实现的过程，所以在理想达成之前他们从不焦虑。所以，身怀理想者总能轻易甩掉那些沉重的心理负担。

他们真正追求与享受的就是投入。在他们看来，最有价值的人生就是找到自己所热爱的事业，并倾尽全力地投入其中。而社会所认可的成功对于这些理想者来说只是投入的附加值，而不是生命意义本身。正因如此，挫败对于他们的影响没有那么大，即使不断地遭遇失败，乃至饱受他人的嘲讽与打击，他们也不会轻易否定自己的付出与努力。

显而易见的是，处处争强好胜、欲壑难填的人或许能一时交上好运，但慢慢就会走上下坡路。而身怀理想者却会耐心深扎、耕耘，时间会给予他们最甜蜜最有价值的收获。

罗曼·罗兰说："人生的乐趣不仅在达到目标的那一刻，而更在于持续不断的努力追求中。"斤斤计较于一时成败的人，都不会有什么大出息。

德云社青年相声演员岳云鹏在出名前，曾默默坚持了十年之久。一次访谈中，主持人问郭德纲："岳云鹏如今这么出名，他的成功有何秘诀？"

郭德纲认真地回答说："第一个是坚持，当德云社内部很多人说小岳没什么天分，不是说相声这块料的时候，小岳并没有轻言放弃，而是一如既往地坚持着，每天勤练基本功；第二个是勤奋，当你先天不够强大的时候，勤奋是可以弥补的，这一点小岳比谁都清楚。能一直做到这两点，小岳即使不说相声，在其他行业我相信他也能大放光彩。"

岳云鹏进入德云社后，自觉找到了人生方向。但那时他只是个憨厚老实、天赋平平的少年，眼瞧着其他师兄弟们一个接一个地走红，他却从不眼红，而是找准自己的地位，不胡乱与人攀比。经过十年的坚持学习和沉淀，他积累了一定的实力。后来上了《欢乐喜剧人》的舞台，岳云鹏很少在意某一场的成功或失败，满心想的都是怎样尽全力做到最好。

争一时之长短，计一时之荣辱，就容易在看到别人小收获不断的时候焦躁难耐、煎熬无比。可若你被眼前的利益所迷惑，一点点陷入欲望陷阱，前途反而会变得晦暗不明。

要知道越是伟大的事业，越是需要我们付出更多努力与牺牲。你要明白，人的一生十分短暂，我们所拥有的时间和精力都是有限的，为了让有限的时光、精力发挥无限的价值，首先你要定好自己的目标，倾尽全力地前行；其次，我们必须冷静蛰伏，默默等待。

这个过程中，不要被一时的成败动摇自己的激情。正如综艺节目"奇葩说"中，某个选手所言："人都是起起落落的，失意时给别人捧捧场，得意时听听别人的掌声，人生漫漫，又何必在意一时沉浮。"决胜的关键不在于一时的成败，你要有等待的决心。

5
你无须和别人比较，只需和过去的自己比较

热播剧《小欢喜》中，有这样一个情节：方一凡成绩很不理想，弄得妈妈童文洁焦头烂额。幸好方一凡后来端正了学习态度，奋起直追，并于高三的第一次大考中取得很大进步。童文洁很开心，带着儿子出门逛街。吃饭的时候，童文洁却突然数落起方一凡来，逼迫他要更加努力学习。方一凡不堪压力，与母亲大吵了一架后，转身离去。

得知妻子和儿子吵了架，方圆这样安慰起了妻子："成绩不能总横着看，也得竖着看，因为人们老后都得竖着看自己的人生，如果总在攀比、比较，那怎么会看到自己的努力和辛苦，竖着看自己的一生，也会有喜悦……"

有人说，人性的三大根本欲望分别是：贪婪，攀比，好色。在这样的社会中，攀比仿佛成了日常生活的一部分。我们不断地拿自己同别人相比，争薪金的多少，争职位的高低，争家庭的幸福，争子女的前途……争来争去，只争得了一身的疲倦和痛苦。

所谓人比人气死人。如果你每走一步,眼睛都要不停打量、盯视着别人,如何才能走得稳自己的路?要知道每个人都拥有属于自己的人生轨迹,与其和别人攀比,不如多和自己较劲。正如林语堂所言:"有勇气做真正的自己,单独屹立,不要想做别人。"

相关心理学家谈起攀比的欲望时,解释说良性的对比能让人看清自己的短处和别人的长处,学会扬长避短,或努力加强短板。这无疑能对人的发展产生积极作用。可是一旦虚荣心日渐隆盛,良性的对比就会变成盲目的攀比,事情的发展则会转向相反的方向。

盲目的攀比心最终会变成一条裹满毒液的鞭子,不断鞭打着人们的后背,逼迫他们去寻找一个又一个攀比目标。长此以往,你难免会形成这样一种习惯:用别人的成功来惩罚自己。这就埋下了一颗妒忌的种子。你虚荣心越强,就越是喜欢和身边那些优秀的人对比,而且总喜欢拿自己的短处和别人的长处相比较。结果越比越不开心,越比人生越灰暗。

痛苦从攀比和欲望开始。所以当前社会中,"红眼病""酸葡萄心理"以及难以跨越的阶层问题才比比皆是,层出不穷。若摆不正心态,他人光鲜的生活只会让你备受打击、自暴自弃,甚至可能释放出你内心那头阴暗的"怪兽",最后闹得个害人害己的结局。

那些世界顶尖大学的优秀毕业生们更重视的是"如何胜过自己而不是别人",这是他们始终保持自信的原因。其实,人这一生中最大的竞争对手，是自己；最好及最合适的比较对象，是昨天的自己。你该做的，是尽可能地剿灭欲望，同时将目光转移到自己身上。

非洲的长跑冠军哈利默不是专业运动员，也没有专业的训练老师和基地。父亲就是他的教练，两人一直过着清贫寒苦的生活。有长达 8 年的时间，两个人的生活只围绕着跑步这一件事。但哈利默从来不嫉妒别的运动员所拥有的优越条件。8 年来，他只专注于自己。

最后，他的长跑速度有了惊人的进步，先后拿下了非洲长跑冠军和世锦赛的冠军。在获奖台上，别人问他成功的秘诀。哈利默说："这些年，我和父亲从来没有谈论过别人的生活，更不会羡慕别人的优越生活。只是做到过好自己的生活，一心一意追求自己的梦想。"

我们要学会打造属于自己的"擂台"，下决心与昨天的自己一较高下，这样才能取得真正的进步。如果总是放任欲望，胡乱和别人比来比去，人生境遇只会每况愈下。

无须争强好胜，只要今天的你比昨天的你有了更多的进步，就值得庆祝。泰国的一个广告看哭了无数人：男孩对踢足球毫无天赋，他尽全力奔跑在球场上，一次次跌倒，一次次失败，却始终没有放弃。眼瞧着和他同龄的孩子都表现出色，母亲脸上却没有一点儿自卑难过的神色。她不断地安慰儿子，不要关注别人的成功，多多关注自己。

就在她"每天都比昨天努力一点点"的鼓励下，男孩积累着经验，缓慢进步着。最终，一次比赛中，关键时刻男孩依靠自己反复练习的"头球"帮助球队得分取得胜利。那一刻，足球场上所有人脸上都露出惊喜的神色，母亲也开心地笑了起来。

海明威说："优于别人并不高贵，真正的高贵是优于过去的自己。"成功是一场战役，你的对手不在你的左右两侧，而在你的身后。沉迷于横向的比较中，只会令你的胜负欲望逐渐攀至顶点，最后迷失了自己。唯有专注于纵向的比较，才能不断超越自己。

6
输不起的人，往往也赢不了

2018 年的一则新闻曾轰动网络：山东淄博市某中学的初三学生马某放学回家时被同班同学秦某用尖刀捅死。马某母亲抱着儿子尸体痛哭的视频一度被疯传。

原来，马某的学习成绩十分优秀，经常考第一。同学秦某的成绩虽然也很好，却长期屈居于马某之后，只能排名第二。有一次，秦某恶狠狠地警告马某："会考你必须考 4 个 B。你如果考得比我好，我一定杀了你。"马某害怕，将这件事告诉家人，家人又告知学校。校方对秦某进行了一番严厉的批评。谁料，一个月后，惨案还是发生了。

秦某残忍杀害同学的理由听得人胆战心惊："杀了第一名，

我就是第一名了。"这种病态心理可用三个字来概括：输不起。独霸第一的欲望让原本天真无邪的孩子，变成了泯灭人性的恶魔，令人扼腕叹息！杨澜曾一针见血道："现在的孩子输不起，长大也赢不了。"

所谓一帆风顺的人生是不存在的，它其实是一场赌局，注定会有输有赢。那些盼着自己能永远占上风，却极度抗拒失败的人，是任由自己掉入了虚荣欲望的陷阱。如果不及时调整心态，努力从不合理的欲望中脱身而出，最后只怕会闹得个一败涂地的结局。

相关研究表明，大多数精英在学生时代的排名通常是在第七名到第十七名之间，而非我们想象中的"独占鳌头""一骑绝尘"。处于这一成绩段的孩子虽然有进步的欲望，却不怎么争强好胜、贪慕虚荣；虽然常常遭受失败，却总能用淡然的目光去看待挫折与打击。

作家林清玄因此公开喊话道："如果你的孩子是第一名，那就让他别那么努力，轻松点进到17名里，那才能成功嘛。如果你的孩子是后几名，那就让他努力进到前17名里面。"他说，这样的孩子能和第一名做朋友，也能和最后一名做朋友，心态平和又乐观。

犹太人认为，"输"是孩子成长过程中不可或缺的一种资源。它能让孩子保持独立思考的能力和直面人生风雨的勇气。所以犹太人从不指责孩子的失败，而是教导他们在面临失败的时候不要将时间花在郁闷和沮丧上，更不要嫉妒他人的成就。而是要将争强好胜的欲望，转化为继续耕耘的动力，向着目标步履不停。这种教育能让孩子永远不惧怕"输"。

人不光要赢得起，更要输得起。其实，后者远远要比前者重要得多。输不起的人要么自暴自弃，从此失去向上攀登的勇气和动力；要么酸意十足，想方设法地抹黑他人的成就，甚至不择手段地去伤害、摧毁那个"抢"了他功劳的人，简直害人又害己。

而那些赢得起又输得起的人，却会在失败的当下总结经验教训，努力让自己"从哪儿跌倒就从哪儿爬起来"。这样的人往往能创造伟大的奇迹，收获一段精彩的人生之旅。

好莱坞影星史泰龙曾经只是一个穷小子，为了圆自己的演员梦，他从底层做起，一点点储备实力。这期间，他经历了数不清的失败。而这些都未击倒他，反而令他变得更强大。

为了寻找贵人的帮助，他四处拜访认识或不认识的明星、导演和制片人，请求他们给他机会。可得来的却只是一次次的拒绝。身上的钱花光了，他就一边打零工一边等待翻身的契机。与他一同闯好莱坞的年轻人中，有一些运气与实力兼备的人最终大红大紫，史泰龙看在眼里，只有羡慕却从不眼红。他们的成功反而激起了他无限的斗志。

后来，他重新规划起自我人生道路，开始写起剧本来。然而，失败还是接踵而至。他花了整整一年的时间打磨出一个完整的剧本《洛奇》，得到的却是无数白眼、嘲讽和冷笑。在他经历了 1849 次失败后，终于，他找到了愿意投资开拍《洛奇》

的公司，并担任了男主角。最终，这部电影获得了极高的票房，并荣获当年的奥斯卡最佳影片奖，而史泰龙也凭此电影获得了当年的最佳导演奖。

年轻人拥有赢的欲望是一件好事，谁也不想努力后收获失败。可是，没有输哪来的赢？人生和游戏一样，当我们被生活的重拳击倒时，只要不放弃希望，就能满血复活重新再来。但如果你骨子里是个输不起的人，再怎么折腾也收获不了梦寐以求的成功。

而且，没有谁会一直赢。大部分时候，我们都在为那个最终的结果默默忍受着眼前这难熬的一切。挫败是难以避免的，没有谁能轻而易举地得到自己想要的一切。

我们应该做的，是将内心的欲望引导向一条"康庄大道"，为此努力不停。而不是在邪恶欲念的唆使下，钻进黑暗冰冷的牛角尖里无法自拔。相比"争夺第一"的欲望，更重要的是暂居人后的勇气和从头再来的决心。愿我们都能成为一个不服输却也输得起的人。

7

不做无谓的争辩，这会拉低你的层次

我们身边从来不乏这样的人：

与你意见不同的时候，越是在人多的场合，他越会与你针锋相对，一定要争赢你才甘心。你说这部电影好看，他却嗤之以鼻，偏偏要跟你分析导演技术有多差劲，剧本编排有多不合理；你说那家餐馆很好吃，他却满脸嫌弃，一定要将那家餐馆贬得一无是处……

如果你也是个争强好胜的人，一定会忍不住反驳他，和他争得脸红脖子粗。这时候，不妨在心里默念林肯的那段名言："任何决心有所成就的人，决不肯在私人争辩中耗费时间。争辩的结果，包括发脾气，失去自制，其后果是难以让人承担得起的。"

无法放下口舌之利的人，内心往往藏着强烈的虚荣欲望。千万不要将现实生活当成辩论的舞台，你事事与人论长短、处处与人分高下的行为，是对生命的一次次严重的消耗。

卡耐基曾在《人性的弱点》一书中，分享过一个小故事：宴会上，一位男士发表了一通长篇大论，还引用了一句话。男士解释说，这句话来自《圣经》。

卡耐基听了直皱眉，立马大声反驳说，这句话其实来自莎士比亚的作品。两人针尖对麦芒地争论起来，越说情绪越激动。与卡耐基一同前来的朋友加蒙恰好是研究莎士比亚的专家，于是卡耐基请他为自己做证，证明自己是对的，那位男士是错的。

加蒙静静听着，先偷偷在桌下用脚碰碰卡耐基，然后含糊地赞同了男子的观点。卡耐基气鼓鼓地坐在一旁，看在加蒙的面子上没有继续争论下去。

回去的路上，卡耐基忍不住问加蒙："为什么要如此'偏袒'错误的一方？你明明知道他的话有多可笑。"加蒙却微笑着说：

"我们是来参加宴会的，不是来证明别人的错误的。要知道对方并没有征求你的意见，他也不需要你的意见，那你为什么要同他争辩？"

《圣经》上有句话："尽快同意反对你的人。"对于认知不在一个层次的人，你所要做的是安静地倾听他的发言，不要轻举妄动。懂你的人，你一句话不说都能获得他们的理解和支持。面对不懂你的人，你若拉着人家争辩不休只会生出更大的嫌隙，甚至埋下灾祸。

遇到喜欢用口舌之利证明自身价值的人，你连解释一句都是多余。只因他们最擅长的就是用"神逻辑"来搅乱你的思维，绑架你的情绪，将你变得和他一样"low"。

美国作家朱莉娅·加菜夫曾在 TED（北美公益演讲大会）大会上发表了一场著名的演讲：《为什么我们总认为自己是对的》。其中，她提到了"动机性推理"，并解释道：我们的欲望和恐惧会影响到我们处理信息的方式。对于脑海中的一些信息和想法，我们会将其视为"盟友"。获胜的欲望促使我们不自觉地维护它们，这时候，其他信息和想法都变成了敌人，需要被打倒。

获胜的欲望越是强烈，我们越容易沉溺于口头上的胜利，在一次次无谓的消耗中丢失掉做人的尊严。有句话说得好："处处争强好胜的人，反而难以得到他想要的东西。"沟通不是为了输赢，更不是为了刷存在感。试图与"杠精"讲道理，无疑很愚蠢。更不要为了赢得口沫飞溅之中的那一点点虚荣心，

将自己变成"杠精",这只会拉低你自己的层次。

著名主持人马东有句名言:"被误会是表达者的宿命。"但他从不因此与人争论不休,非得辩个高低输赢。哪怕与辈分低、年龄小的人相处,他也总是保持着包容平和的风范。

一次访谈中,马东被问到一个问题:"跟 90 后沟通的核心是什么?"

马东的回答令所有人眼前一亮:"认怂。"他解释说:"我和 90 后差了快 30 年,30 年意味着什么?意味着我们就是古代人了。时代变化这么快的情况下,新的东西我不懂,所以和 90 后沟通的时候我只能认怂。"对方要求马东给予年轻人一些忠告,却被他果断拒绝。

只见他眼神诚恳,笑容真挚:"你们所经历的东西不是我经历过的,所以给年轻人忠告就是找死,既土又老又显得烦。土、老、烦,这样的事谁干呢?"

社交场合中,清晰、中肯、不卑不亢地将自己的观点表达完整,就已经足够,没必要用舌头去争个高低输赢。正如著名知识分子熊培云所言:"我思故我在,而不是我征服故我在。我永远不必通过说服别人,或者让别人臣服于我的观点证明我的存在。"

当然,行走在人生的旅途中,你总会遇到一些奇葩的言论,一些虚荣无知、屡屡刷新你价值观的人。你所要做的,是淡然应对、保持沉默,而不是费尽口舌地去和他们解释、争辩,这只是在浪费宝贵的时间和精力而已。甚至时间久了,你也会沦为一个低层次的人。

如果你本身的表达欲望、获胜欲望都很强烈，也请努力开阔自我眼界与心胸。慢慢淡化心中的执念，任何时候都保持理性，做一个清净无为的智者，而不是一个斤斤计较的小人。

8
越是没本事的人，越爱面子

《我的前半生》里，罗子君对老金说："面子是这个世界上最不易放下的，同时又是最没用的东西。"放不下面子，往往是因为内心的欲望与攀比。然而，过分注重虚荣和面子，其实是一种没有见过世面的体现。那些真正厉害的人，却从不在乎面子。

比如，那些创业偶像，正因他们当初果断地摘掉了虚荣的面具，才走上了成功之路。1999年，马云回到杭州创业，条件十分艰辛。有一次为了买一个设备，马云忍着卖方的奚落与嘲讽，和对方讨价还价很久，最后不顾路人鄙夷的眼光亲自用三轮车拉回家。

事业初见起色时，他去参加一个会议，结果在现场一再受到冷遇。马云却毫不在意，始终保持着不卑不亢的态度。多年后，还有人津津乐道于他那一次大气淡然的表现。

1987年的任正非，有着无比远大的梦想。然而那时候的他囊中羞涩，为了让新创办的华为公司撑下去，他厚着脸皮借来 2 万元钱，做起了倒卖程控交换机的"二道贩子"。他因此挣到了第一桶金，并将其通通投入自主研发过程中。这才有了后来华为的辉煌事业。

李嘉诚曾说："当你放下面子赚钱的时候，说明你已经懂事了。当你用钱赚回面子的时候，说明你已经成功了。当你用面子可以赚钱的时候，说明你已经是人物了。当你还停留在那里喝酒、吹牛，啥也不懂还装懂，只爱所谓的面子的时候，说明你这辈子也就这样了。"

然而，中国人最讲究面子。俗话说："人争一口气，佛争一炷香。"对于国人而言，似乎是房子越大越好，车子越贵越好；身上的衣服追求当季流行色，脚下的鞋子一定要是最新款。总之，不管能力到没到、行不行，就是不能丢面子。随着京东白条、支付宝花呗及各种网络借贷平台的兴起，年轻人们蠢蠢欲动的虚荣心亦迎来了全面爆发的时代。

面子为什么拥有如此大的魔力？这是因为中国是一个充满人情的社会，拥有面子相当于拥有社会影响力。我们夸一个人"面子大"，其实是在说他的社会影响力大。而面子的大小，往往能指代一个人的社会价值、事业成就、地位的高低、资源的多少、能力的大小等。

由此可见，"面子"这轻飘飘的两个字的背后，承载着的是无数沉甸甸的欲望。它将人性中的缺点展露得淋漓尽致，若看不破这欲望，只怕永远没有解脱的那一天。

面子不仅影响着我们的消费观，还对我们的社会交往、处事方式造成了很大的影响。它几乎能决定一个人的命运。正因如此，某经济刊物主编亦说："为了面子坚持错误是最没有面子的事情。"

某论坛上，一位网友撰文剖析自己的心路历程。他痛悔万分道："为了面子，我拒绝了一切成长。"小时候，每次写完卷子老师会让学生们自行对照答案进行修改。为了面子上过得去，他偷偷将一些低级错误用黑笔画掉，再填上正确的答案，而不是用红笔圈出来。就这样在一次次自我欺骗中，他持续犯着这些低级的错误，从未真正改正过来。

长大后，因为面子他放弃了一些工资很低但发展前景较为光明的工作机会。内心深处，他明明知道自己的选择盲目而肤浅，在人前却总是嘴硬无比，始终不肯承认这一点。

后来，在不喜欢的公司里熬到中年，蓦然回首才发现，当初他放弃的其实是另一个更为优秀美好的自己。只是，失去了的再也无法追回，这时候他再后悔也无济于事。

面子是欲望幻化而成的虚假面具，戴得太久，就会与你原本的面容融为一体。慢慢地，连你自己也会忘掉你本身的模样。犯错误不是一件丢人的事，试问，谁没有过犯错的时刻？丢人的是，你始终不愿意正视错误，正视那个也许不太完美却真实的自己。

孔子的学生子贡不明白为什么学问及才华都不是十分杰出的孔圉能够享有"文公"的称号。孔子解释说，因为孔圉勤奋好学，更因为他心境宽容豁达，从不爱慕虚荣。他能够随时向别人请教，哪怕对方地位或学问不如他也能做到坦然大方、谦虚有礼，丝毫不觉得这样的行为有损自己的面子。这正是孔圉难得的地方，他完全配得上"文公"的称号。

莎士比亚说："什么地位！什么面子！多少愚人为了你这虚伪的外表而凛然生畏。"在欲望的驱使下，贪婪地往自己脸上贴金的人，最后不仅失去了面子，还丢掉了"里子"。谁都是从最低处一步一步迈向最高处的。当你身处低位时，最重要的是平衡内心的欲望，哪怕遭受别人的嘲讽与冷眼也能稳住心绪，用积极乐观的态度打理好自己的生活。

那些没本事的人，才会无所不用其极地追求表面上的光鲜亮丽。这样的人注定活得很累，未来也很难有大的作为。希望每个人都能削除内心多余欲望的"枝丫"，果断放弃面子的累赘，活出真正的自己。同时在能力不足时学会忍耐，默默等待梦想腾飞的那一天。

第八章　执着于占有的欲望，让你变得患得患失

1

控制欲太强的人，究竟有多可怕

《小欢喜》中，宋倩对于女儿的控制欲吓倒了很多网友。宋倩是一位金牌律师，外柔内刚。离婚之后，她几乎将所有的注意力都放到了女儿乔英子身上，不断强调自己愿意为女儿牺牲一切。这让英子背负上了沉重的心理压力，英子的情绪日渐低落。

转眼间，英子上了高三。宋倩紧张到了极点，控制欲也到了非常离谱的地步。她特意在英子的房间里凿开了一个玻璃透明墙，这样女儿的一举一动她都能尽收眼底。

在离高考还有 278 天的时候，宋倩花了很长时间给女儿做了一份密密麻麻的时间计划表，让人看了冒出一身冷汗。英子喜欢玩乐高，宋倩认为高三时间宝贵，于是严厉禁止英子再贪玩。英子高二时一年都在天文馆做讲解员，现在宋倩也不允许她再去。宋倩恨不得女儿变成一个机器人，该干什么，不该干什么，全都依照设定好的"程序"来进行。

心理学上有一个名词叫作"控制欲"。拥有强烈控制欲的人总是希望能对某件事或某个人绝对占有，其他人都要听从他的意见，不许违逆他的心意。而控制某事或某人的欲望一旦没有得到满足，当事人就会变得焦虑不堪，因此变着法儿地折磨自己和身边的人。

生活中，那些"控制狂"通常有着以下表现：

1. 认为自己永远是对的，别人永远是错的。

这与自恋心理息息相关。自恋的人认为自己的想法和认识百分之百正确，凡是违背自己想法的人都错得离谱。他们会在一些无关紧要的事情上强力维护自己的原则和看法。比如，今天是先购物还是先吃饭；穿这件大衣应该搭配哪种颜色的围巾；牙膏应该是从中间挤还是后面挤；先扫地还是先洗衣服；炒菜应该先放盐还是后放盐，等等。

其实这些问题根本谈不上对错，它和一个人的生活习惯、审美标准等有关，做哪种选择都无伤大雅。如果一个人认为自己的想法完全是对的，别人应该按照自己的要求去做，甚至用过分的话语批评、打击对方的审美和想法，说明这个人拥有强烈的控制欲望。

2. 对别人做的事总是不放心或不满意。

很多人看到别人做事的方法和结果与自己不一样，心里像扎上了一根刺似的。他们时常拿自己的标准来要求他人，即使这件事别人已经做过了，这些人还是会要求他再做一遍。或者干脆不让别人做，事事亲力亲为。这种情况更多会发生在家庭中。比如，丈夫洗过的衣服妻子通常会再洗一遍；明明是孩子能力范围内的事情，偏偏不让孩子处理，自己亲自处理……

3. 总是想改造对方。

为了让对方变成自己心目中最满意的样子，控制狂们会通过各种法子去改造身边的人。他们会像一台机器一样对别人的一言一行都进行严厉审核，强迫对方按照自己的想法和标准去做事。这会让他身边的人备感压抑，甚至于心理上出现问题。

4.限制对方的社会交往，窥探对方的隐私。

夫妻间或者父母和孩子间经常出现这样的控制性行为。比如，限制伴侣的人身自由；干涉其交朋友的权利；伴侣外出必须随时报备行踪；对孩子身边的朋友一一进行"背景审查"，阻止孩子和朋友间的正常往来；强迫孩子和自己不满意的朋友断交；禁止孩子随意外出等。

另外，很多人会对其家庭成员的隐私怀有浓烈的一探究竟的欲望。他们总是想方设法打探对方的行动和思想，甚至采取很多不能见光的行为和做法。

比如，偷看对方的日记、翻查其手机记录、在对方进行正常社交时跟踪对方等。为了更好地控制自己的伴侣和孩子，很多人会从经济入手，完全掐断其经济自由的权利。

强烈的控制欲望首先伤害的是自己。心理学家分析说，控制者无时无刻不处于一种焦灼痛苦的心理状态中。被控制者的一言一行都对控制者情绪造成了很大的影响。前者简直成了后者的"心理遥控器"。所以，心理学家断言，一旦谁成了控制者，意味着他就此成了精神上的弱者。他会变得越来越紧张、恐惧，乃至绝望，一举一动都受到他人牵制。

其次，控制欲会对夫妻关系、亲子关系等造成巨大的负面影响。《小欢喜》中，宋倩始终意识不到自己的错误，而英子却越来越受不了母亲的种种过分行为。沉重的心理压力下，英子渐渐患上了抑郁症，甚至崩溃得想要去跳河。幸好英子最后被救了回来，可现实生活中，却有很多孩子被控制欲强的父母逼得无计可施，只能用伤害自己的方式寻求解脱。

病态的控制欲望害人害己，它让我们不知不觉中失去人生最宝贵的亲情、爱情。为了避免成为控制欲的奴隶，我们要时刻审视自己的行为，思考自己与他人的关系。

2
你那不是爱，是占有欲在作怪

经典名著《巴黎圣母院》描绘了两种截然不同的爱：强烈的占有欲；无条件的奉献和牺牲。道貌岸然、蛇蝎心肠的副主教克罗德爱上了吉卜赛女郎埃斯梅拉达，他疯狂地想要占有她。在这一过程中，克罗德却渐渐由爱转恨，最终将埃斯梅拉达置于死地。

卡西莫多亦爱上了埃斯梅拉达，他的爱却无私而纯粹。身形残疾、一无所有的他是这个冷酷世界的"弃儿"，而埃斯梅拉达却令他体会到了绝无仅有的温存与美好。"我知道我长得丑，被扔石头无所谓，但让你害怕让我觉得很难过。"卡西莫多这样对她说。他明明知道埃斯梅拉达爱着别人，却依旧不求回报地爱着她，不愿意看到她伤心难过。

影视剧中常常会出现这样一句台词："我得不到你别人也别想得到，我会毁了他！"剧中人物嘴里冠冕堂皇地说着他所做的一切都是因为爱，仔细想想，却发现那些丑陋行为的背后并不是出自爱，而是占有欲在作祟。正如克罗德对埃斯梅拉达的感情，自私而虚伪。

哲学家弗洛姆在《占有与存在》中明确提出，爱有两种含义：一种是重存在；一种是重占有。在他看来，真正的爱是一种"创造性的行动"，"包括注意某人（或某事）、认识他、关心他、承认他以及喜欢他，这也许是一个人，或一棵树、一张图画、一种观念"。

而如果以一种重视占有的方式来爱，可能意味着对爱的对象的限制、束缚和控制。"这种爱情只会扼杀人、使人窒息以及使人变得麻木，它只会毁灭而不是促进人的生命力。"

爱情的确是排他的，爱情也意味着一定程度的占有。但是，单纯的"占有欲"和"控制欲"并不是爱。如果你只把对方当作自己的"私有物品"，容不得别人侵犯，更容不得对方拒绝自己的占有，你的爱对于他人而言只会演变成负担，甚至是灾难。

占有的欲望和真爱之间有着怎样的区别呢？

真正的爱情很健康，而占有的欲望却畸形而丑陋。一个真心爱你的人会尊重你的意愿，他们决定做某件事时一定会考虑你的感受，绝不勉强你。而一个占有欲很强的伴侣却恨不得把自己当成"宇宙中心"，他们的一切言行都只从自己的角度出发，却将你抛在脑后。

真正的爱情中，伴侣之间的相处是平等的，相互尊重和信任的。而占有欲主控的爱情中，常常伴随着一方的妥协与忍气吞声。可无论你怎么低声下气，也换不来对方的信任。

占有欲强的人为了在短时间内得到自己想要的东西，常常会不择手段地逼迫对方。而真爱一个人的人，考虑问题会更周全和更长远，根本不舍得对方受伤害。

占有欲强的人可能会要求你在他的面前袒露你的所有，并24小时都围着他打转。而真正爱你的人恨不得给你他的全世界，并从内心深处去接纳你、包容你、理解你。

占有欲强的人一旦得不到你可能会因爱生恨，愤怒到恨不得毁了你。而真爱你的人哪怕最后无法和你在一起，也会衷心地祝愿你幸福，你开心他便快乐。

印度泰姬陵附近有一家特殊的咖啡馆。咖啡馆里所有的工作人员都曾受过硫酸攻击。记者去采访她们的时候，欣慰地发现这些女性尽管容貌被毁，却都积极乐观，像一株株向阳花一样努力而勇敢地生存着。谈起过往的遭遇，听者们的心紧紧揪起，无比义愤填膺。这些女孩原本相貌美丽，追求者甚众。然而，一些追求者或伴侣因为求爱不成，仇恨渐渐吞噬了他们的理智，促使他们将硫酸残忍地泼向所爱之人的脸。

你能说这些追求者或伴侣是因为太爱对方才会做出这般恶行吗？不是的，爱只是借口。这些心灵扭曲的犯罪者不过是邪恶的占有欲望的化身，更是狭隘、自私与自卑的代言人。

　　占有欲式的爱情，可能会直接毁了你对爱情的美好想象，甚至给你的人生留下深深的阴影。如果你不确定自己是否陷入了一段畸形的爱恋中，不妨参考以下意见：

　　1. 相信自己的直觉。在一段充满占有欲的关系中，你会感到自己始终处于"紧绷"状态。对方似乎有着浓重的不安全感，对你很依赖。日常相处中，你很怕出错，总是很紧张。

　　如果你感到很不舒服，请相信自己的直觉，暂时从这段关系中脱身而出。给自己足够的时间、空间去思考这段感情的未来，而不要因为对方的花言巧语愈陷愈深。

　　2. 观察对方的行动，是否总是在满足他自己的需求。当对方说"我爱你才会这样做"的时候，不要急于感动，观察他的所作所为是否是站在你的角度为你思考。另外，如果你们相互的需求有冲突的时候，他会将你放在第一位，还是只顾满足他自己。

　　如果他为你所做的一切都只是为了令自己更开心更满足，或者遇到任何矛盾的时候首先考虑的只有自己，不用怀疑，他这是占有的欲望大过对你的感情。

　　如果你自身是一个占有欲望很强的人，一定要尝试着强大内心，学会克制、消除内心深处这种自私的欲望。以占有的方式去爱，就会限制、束缚和控制爱的对象。这样的爱充满压抑、丧失活力、令人窒息、摧残心灵，是毫无活力的"爱"。占有和控制只是假借爱情名义的自私欲望。面对这样一份"爱情"时，请保持警惕。

3
"我是为你好"的背后，
其实是"你要听我的话"

综艺节目"奇葩说"的某期辩题让人印象深刻："'我是为你好'这句话是不是扯？"在正方看来，"我是为你好"这句话隐隐表露出当事人的一种控制欲望。说白了无非是用一种居高临下的态度去束缚别人、否定别人，让对方无条件改变以迎合自己。

台湾一部电视剧《妈妈的遥控器》中，被控制欲望腐蚀得面目全非的亲子关系引发了无数观众的深思。有一天，一个神秘的男子将一个遥控器交给纪培伟的妈妈，交代说这个遥控器可以帮助她很好地管教儿子，让儿子听话。有了这个"让小孩子听话的神器"，纪妈妈可以无限次地重启儿子的人生。在重启的过程中，除了这对母子，别人都不会留下记忆。

从那以后，只要纪培伟任何地方做得让纪妈妈不满意，她就会按下遥控器，让一切从头再来。这让纪培伟感到无限烦恼。他曾尝试着和妈妈沟通，却被一句话打发："我都是为了你好。"她自觉是为了儿子好，所以让儿子一遍遍去上补习课。一次听不懂，就去十次、二十次；因为是为了儿子好，所以她插手儿子的初恋，让儿子错过了一段纯真的爱情。

这个心思敏感的少年最后完全被击溃，他一次又一次自杀，最后却一次又一次地回到妈妈身边。有了那个"让小孩子听话的神器"，他连死的权力也被剥夺……

"我是为了你好""我们牺牲一切都是为了你""我还能害你吗，为你劳心劳力你还不领情"……从小到大，这句话我们听得耳朵都起了茧子。于是，无论是升学、择业，还是结婚、生子，这些关乎一生的重大决定，我们从来都无法从心底做出选择。

只是，无数个"我是为你好"背后展露的都是赤裸裸的控制欲望。它无非是披着善意外衣的"一切由不得你自己决定，你必须乖乖听话，按照我说的去做"。

亲子关系中，这种占有的欲望从不鲜见。这其实是心理学上"高压型控制"的一种表现。即"亲密关系中一方通过一系列的行为、伎俩来达到控制和支配另一方的目的"。

不同于身体暴力的是，高压型控制相当于一种"隐形枷锁"。其对受害者造成的伤害往往表现在心理上和情绪上，不只是围观的人难以察觉，甚至连受害者自身也难以判定。

高压型控制最常见的策略是情绪虐待。他可能会向你反复强调，你们之间就该互相尊重、彼此体谅。然而，在真正相处过程中，遵守约定的人却只有你。一旦你超出了对方的控制，做出让他不满的行为，他就会想方设法地道德绑架你。

"我为你付出了所有，你为什么不尊重我""你要是真的在乎我，就该按照我的想法去做"……这些话会让你产生十足的负罪感。你开始怀疑自己，是不是自己做得不够好，所以才会惹对方生气。就在这种自我怀疑中，你越发自责、愧疚、失落、抑郁。

"贬低、否认和指责"亦是高压型控制的策略之一。以下对话时常发生：

"我想尝试另一条路。"

"你太不切实际了，以你的能力根本负担不了那些。不听我的，你就会走上弯路。"

"我真的不喜欢目前做的这些。"

"你根本不知道什么最适合你，心态不成熟。等你吃了亏你就知道谁是真正为你好了。"

……

对方口口声声"为你好"，但说来说去都是为了控制你。这种话听多了，你也会打心眼里认为自己就是"不够成熟""不切实际""能力低下""白眼狼"。这其实是一种变相的"洗脑"，令你渐渐相信，对方对你的控制是一种无与伦比的爱的表现。

值得注意的是，高压型控制不只发生在亲子关系中，还可能发生在恋爱关系中、友谊中，等等。太多人打着"我是为你好"的幌子，来满足自己变态的控制欲望。然而，对于受害者来说，这种心灵折磨会让他们痛苦无比，甚至给他们带来毁灭性的打击。

心理学博士丽莎·冯特思在与前男友同居过程中，逐渐发现自己一举一动都受到了对方的控制。与对方分手后，她很久都走不出心理阴影。正是这段经历让她深刻意识到了高压型控制的危害。她指出，亲密关系中，施暴者会通过高压型控制来摧毁受害者的自我价值和自尊感。后者会变得患得患失、敏感脆弱、自卑低下，失去正常的交际能力。

高压型控制还可能让人陷入一种"习得性无助"之中。受害者慢慢会失去反抗的勇气，对对方言听计从、逆来顺受。发展到最后，他们甚至会自己给自己洗脑。他们会认为自己所遭遇的一切都是上天施予的惩罚，这便是自己的人生，反抗一定会带来更不好的结果。

哪怕最后脱离了控制，受害者也极可能出现类似"创伤后应激障碍"的症状。他们可能会长久地陷入负面情绪中无法自拔，不断地做噩梦或者持续失眠等。

如果你正深陷于这样一段畸形关系中，一定要及时地抽身而出，而不要屈服于对方的控制欲。要知道你的妥协只会令对方变本加厉，令你逐渐失去自我，变得面目全非。

4

对"绝对控制权"的渴望源自恐惧

或许，你也曾有过类似的体验：对身边的人和事有着严苛的要求，一旦有人违逆了你的意愿，逾越了你所制定的"规范条章"，你就会觉得烦躁和愤怒；强迫别人接受你的意见，或希望别人能按照你的想法做出改变；与别人意见相左时，不厌其烦地想说服对方……

以上种种，体现的都是人的控制欲。心理学家认为，强烈的控制欲，源自人们内心的恐惧。尤其是那些盼望着能拥有"绝对控制权"的人，可能是因为曾在过往的某个人生阶段经历过"失控感"。这种糟糕的体验在他们心中埋下了一颗恐惧的种子。

美剧《生活大爆炸》的主角谢尔顿是个不折不扣的控制狂。他不允许室友随意调整公寓的温度；不允许别人随意坐他的专座；室友上厕所的时间必须按照他设置的时间表来进行；朋友们必须按照他的喜好来订餐；玩游戏时，别人必须听从他制定的游戏规则……

谢尔顿爆棚的控制欲，源自他天生的怪性格，也与他的童年经历息息相关。他的哥哥及姐姐性格顽劣，从小喜欢捉弄他。每当被恶作剧,谢尔顿心里对失控感的恐惧便又多了几分。往后的人生中，他拼命寻找"控制"，以获得更多的安全感。

有过失控体验的人对安全感的需求比旁人更强烈。为了避免失控感再次降临，他们不惜付出种种努力。为了改写过往的伤痛记忆，他们无时无刻不盼着获取足够多的控制。

比如，那些童年成长在混乱无序的家庭环境中的人，成年后为了补偿自己曾经受过的苦难，他们往往会追求身边的人和事都能达到一种微妙的平衡，极其讨厌改变。掌控能带给他们一种无与伦比的力量感，让他们相信可怕的"失控感"永远不会降临。

这份恐惧背后，归根结底是安全感的缺失造成的。马斯洛需求理论剖析了人类的需求，依次为生理的需求、安全的需求、爱和归属的需求、尊重的需求、自我实现的需求。

其中，安全的需求连接起生存需求和精神需求。马斯洛将心理上的安全感定义为"一种从恐惧和焦虑中脱离出来的信心、安全和自由的感觉，特别是满足一个人现在（和将来）各种需要的感觉"。安全感严重匮乏的人浮躁敏感疑心重，所有这些思想及情绪都会加重恐惧或者焦虑的心理状态。于是，他们会变本加厉向别人施加压力。

这又印证了心理学上的另一种说法"被剥夺超级反应倾向"。一旦你感觉到"对所关注的人和事的掌控感慢慢丢失或者被剥夺"，你心里的不安全感就会越来越强烈，控制欲因此越来越强。所以很多恋爱关系中，一方会拼命想要控制另一方，不过是因为他害怕失去。

电影《我想和你好好的》描述了这样一个故事：喵喵与亮亮是一对感情甜蜜的情侣。但是喵喵过度的索取与依赖却让亮亮越来越难以忍受。关于亮亮的一切，喵喵都想知道，且试图牢牢掌控于手中。喵喵强烈的控制欲，或许来自不好的童年记忆，或者来自曾经惨痛的情感经验，又或许与亮亮在这段感情中曾有过欺骗行为有关。总之，为了摆脱那种失控感，为了能将亮亮更好地"拴"在自己身边，喵喵变得越来越过分。

她不允许亮亮和其他女性朋友有任何的联系，并因此哭得声泪俱下、以死相逼。她放弃工作，恨不得 24 小时监督亮亮，不给他独处的空间。她甚至在他们的卧室中安装了隐形摄像头，监视着亮亮的一举一动。亮亮发现这一点后，压抑的情绪瞬间爆发。他执意要和喵喵分手。这一次，无论喵喵怎样撒泼打闹、道德绑架，也挽不回亮亮的心⋯⋯

恐惧滋生了越来越多的控制欲。可越是追求绝对控制权，越容易陷入失控的危险中。在患得患失的心情中，我们对"失控"更为敏感，并人为地放大失控所带来的负面影响。又因为害怕出现想象中的坏结局，我们很可能行为冲动，甚至失去理智。

你要清醒地认识到，几乎没有人能绝对控制周遭的人、事、物。任何一个环境中都藏有太多的不可控因素，你唯一能做的是不断加强自我认知，努力平衡心态。

接着，你需要试着去觉察你对绝对控制权的渴望是否正给你带来困扰。一位著名的心理学家指出，人们可以通过想象的方式来帮助自己觉察这些困扰。比如，想象自己正努力攀爬在高峰上，目标是云雾缭绕的山顶。每向前进一步，都要伴随着失控的想象。在这个过程中，不断问自己："我是不是无法忍受这些？我究竟有多害怕这些？"如果你认为失控的原因都在于自己，而且内心极其恐惧的话，你的控制欲很可能已经达到了一个顶峰。

专业人士建议，我们可以采用记录"自由列表"的方式来逐步摆脱这种病态的欲望。首先想象你正在拼尽全力地克服失控的恐惧，努力向着山顶攀爬。记录下你在这一过程中的

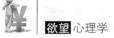

情绪感受、浪费的认知资源，包括时间和精力等，整理成一份"自由列表"。

回到现实生活中的时候，每当意识到你又在渴望绝对控制权，不妨拿出这份"自由列表"。依靠它来提醒自己："过多的控制欲只会让我失去更多东西。"

如果你正处于失控状态中，千万不要施加更多控制。这只会让你变得越来越糟糕。秉持顺其自然的心态，让整个人都松弛下来。慢慢地你会发现失控也没自己想象得那么可怕。它是人生的一部分，你完全能够和它和平共处。久而久之，恐惧也就消失得无影无踪了。

5

别拿爱囤东西不当回事儿，你有可能是得病了

出门逛街看到了新款包包，顿时两眼冒星星，疯狂地想占有；同款式的衣服一买就是好多件，大包小裹地拎回家，想不起来穿也舍不得扔；微信里收藏了大批公众号文章，总觉得有一天会看；积攒的大量旅游区纪念品，塞满了家里每一个角落……

生活中，很多人喜欢囤积物品，不管能不能用上，先拥有再说。这是赤裸裸的占有欲望在作祟，在心理学上被叫作"囤积癖"（强迫性囤积症）或者"松鼠症"。指的是喜欢收藏、囤积、购买一切"有一天可能会用上"的物品，从中获得无与伦比

的满足感和愉悦感。哪怕这些物品最终被证实没有太大的实用价值，甚至严重影响到生活质量也不愿意放弃。

一部小说中有这样的情节：女主人公喜欢买过季打折的衣物，明明不需要，却控制不住想买。她迷恋"囤物"的感觉，却讨厌整理旧物。结果家里乱糟糟的都是旧家具、旧书、旧衣服和旧鞋子。连她的父母过来，看到这一切都嫌弃得直皱眉头。

每次出差住酒店，她习惯将酒店赠送的毛巾、牙刷带回家，明明用不上这些东西却克制不住地想要占有。其实女主人公工作体面，收入很高，在身边的人看来她的这一怪癖实在难以理解。连女主人公自己也不太明白自己为什么会这样做……

在专业心理医师看来，"囤积障碍"属于一种精神疾病。囤积障碍患者那种过度堆积物品的行为严重影响到了他们的生活，也给他们的家人带来极大的困扰。据国外调查，成人的囤积症发病率为1%~3%。有的人甚至收集垃圾、废品或者流浪的动物。而每当囤积障碍患者试图扔掉某些物品时，内心矛盾又痛苦，这对他们而言是一件难以忍受的事情。

强烈的占有欲让他们变成了过冬的"松鼠"，终日忙忙碌碌囤积"坚果"。随着生活空间被逐步压缩，他们陷入负面情绪中无法自拔，生活和工作亦彻底失去了秩序。

很多人认为囤物癖是懒惰和不讲卫生，真实原因远远没有这么简单。心理医师分析说，导致囤物癖的原因多种多样，可能是因为当事人患有"选择困难症"，害怕做错决定；可能

是因为他们以前生活在物资贫乏的年代，也可能与他们早年特殊的生活经历息息相关。唯有不择手段地囤积物品才能令他们感到安全，给予他们一种特殊的心理慰藉。

诸多原因中，有一点尤为关键：囤物癖患者也许是因为年少时占有欲望未得到满足。这欲望被深深压抑在他们心底，一旦反弹，所带来的摧毁力令人胆战心惊。

电影《被嫌弃的松子的一生》中，松子后期住在一个阴暗狭窄的房间里。她周围堆得满满的都是饭盒、过期的食品和其他垃圾、废品。当她置身其中时，反而感到一种满满的安全感。而她此生所经历的一切悲惨遭遇都与她童年时占有欲望未得到满足息息相关。

年幼时候的她渴望独占父母的爱，但他们却将所有的爱与耐心都倾注到了妹妹身上。长大后的她，终身都在寻觅别人的爱。可占有的欲望越是强烈，她的人生便越是艰难。这欲望变成迷雾，遮住了她的双眼，令她一次次做出错误的决定，最终与幸福失之交臂。

如果你也有着囤积癖的诸多症状并为此而烦恼，那就可能是因为你的心理"生病"了。除了要寻求专业心理医师的帮助外，平日生活中还要学会自我减压，保持平稳情绪。

面对过往的痛苦经历，不要逃避，请勇敢面对。你越是不敢正视内心的占有欲望，便越容易陷入负面情绪的泥沼中无法自拔。若想摆脱痛苦，就要认真地去分析自己的某些病态行为，找到其背后的原因。或找信任的朋友替自己分析，这会给你莫大的鼓励。

很多囤积癖患者同时也是强迫性购物者。若想治愈自己，不妨为生活做一些减法。美国哈特福德市有一家机构，专门帮助囤积癖患者过上正常生活。患者在机构人员的帮助下，一遍遍练习将之前囤积的很多无用物品狠心地扔出去。同时，该机构还组织患者开展"不购物旅行"，培养他们提前做好预算，不胡乱购买不需要物品的好习惯。

无论是哪一种欲望，独处时总是格外强烈。为了转移注意力，我们不妨尝试着去延扩社交。突破现有的圈子，和形形色色的人接触，积极建立更好、更健康的社会关系，令自己的生活变得丰富多彩起来。或者多多参加体育锻炼，增强意志力。

还有一个好方法是：将囤积的行为上升为"收藏"。患有囤积癖的人占有欲望虽然强烈，但他们通常没有目标而且很盲目。而收藏的目标通常很固定，而且这种兴趣爱好还能磨炼自己的耐性。所以，不妨把囤货变为收藏，专门收藏自己喜欢的物品。

执着于占有的欲望会让我们变得盲目而又可悲。尝试着去消除内心的占有欲，时刻怀有一颗"辞旧迎新"的心，才能治愈我们受伤的灵魂，令我们告别囤物癖。

6
"控制狂"是在用处理别人的问题
来回避自己的问题

《哈利·波特》中，当哈利收到霍格沃兹寄来的入学通知书时，他的姨父姨母，弗农和佩妮夫妇展现出了浓浓的控制欲。他们不允许哈利去霍格沃兹上学，不允许他谈论魔法，更严令禁止他接触魔法世界的人。为此这对夫妇不惜撕毁信件，四处躲避。而在哈利成长过程中，他们也一直禁止哈利提起自己的父母，并像对待佣人一样管控着哈利的一切。

如何去应对他人的控制欲望，实在是令人头疼的问题。不顺从对方的意见，他可能会不择手段地威胁你、恐吓你，让你内心充满不安与恐惧。一味听从对方的安排，又让你觉得自由意志被剥夺，不受尊重、压抑无比。久而久之，你变得越来越逆来顺受、胆小怕事。

心理学家分析说，我们之所以会产生这样的感受，是因为身边那些控制欲强的人将内心回避的种种负面情感通通扔到了我们身上。正因他们不愿意面对自己性格中懦弱、胆小、无力、敏感、自卑的那一面，才不断地将这些问题推给别人。这是这一类人适应环境的一种方式，即通过处理别人的问题来转移注意力，回避自身的问题。

好比《哈利·波特》中，弗农和佩妮在人前总摆出一副盛气凌人、高高在上的样子，实则外强中干，极其胆小懦弱。尤其是佩妮姨妈，她面对自己的妹妹——哈利的母亲时其实是很自卑的。但为了掩饰这份自卑，她对待哈利一直很严苛，不断强制哈利顺从自己的意愿。

　　控制欲强的人为了回避内心的冲突，常常会将全部精力集中于外在冲突上。那些凝结于胸、给他们造成长久困扰的问题大致分为两类：难以接纳自身和不愿意为外界不断升高的挑战去提升自己。先来谈谈前者，一个人之所以无法接纳自己，与早年经历息息相关。比如，成长过程中父母总是用言语贬低、打击一个孩子，或在看到他时摆出嫌弃的神色。这会让一个孩子深受伤害，这种屈辱感深深刻印在他的记忆里，让他难以忘怀。为了获得解脱，他往往会选择不去面对这些情绪。这导致他应对负面情绪的能力越来越弱。长大后，他会极力否认自己人格中弱小、脆弱、自卑的那一面。与此同时，他为了证明自己的强大有力及坚不可摧，往往会不遗余力地向身边的人灌输自己的想法。明明自己脆弱而自卑，却责怪别人缺乏安全感；明明自己不够自信，却抱怨别人患得患失……

　　再来谈谈后者。尽管外界一直在变化，但控制狂们却不愿意去提升自己。他们坚持认为"问题不在于我""我是绝对正确的""我的感觉最重要"等，始终不愿意反思自己。正因如此，他们才会习惯性地用外因来解释自己遭遇的事件。比如，生活中很多父母认为自己完全不需要成长，孩子出现问题了一定是受了外界环境的影响，或是孩子自身的问题。

他们不愿意直面孩子的思想会随着年龄的增长不断成熟，总有一天会离开自己等情况，无视孩子的感受，用各种手段逼迫孩子接受自己的安排。

总而言之，任何一段关系中，若其中一方认为自己百分之百没问题，且习惯将责任扔给另一方，都容易形成控制。但其实，每一个看似强硬的态度背后，都显露出浓浓的脆弱心理。

知乎上，有人问："为什么有人控制欲那么强？"一个回答获得很多赞："因为这类人欺软怕硬又控制不了自己。在别的地方受了气，没法还击，只好拿更懦弱者出气。又怕懦弱者还击或者怕懦弱者变得聪明超过他，导致他失控。这类人通常也就是纸老虎，表面强势。内心不敢正视自己的缺点，反而对别人吹毛求疵。自大与自卑并存。"

其实，内心真正强大的人，是不需要用控制、打压别人来凸显自我权威的。一旦你意识到你对他人拥有强烈的控制欲望，首先将目光从外界收回，投射向自我内心深处。通过追溯过去的方式探寻自己的情绪和情感，一点点拼凑起真实的你自己。

只要足够坦诚，你轻易就能发现自己的某些特质，比如，敏感脆弱、卑微无助等。过去的你，总是回避它，拒绝承认它。从此刻起，勇敢地直面它、接纳它。只有这样，你才能克服它，永远地摆脱它。所以，当你对别人怒气冲冲、苛责不已的时候，及时问问自己："你为什么那么介意他的行为？""他那样做让你产生了怎样的感觉？""你为何如此害怕？"

有时候，你甚至需要将自己逼到"墙角"，才能完全看清自己的虚伪。如此，你才会考虑别人的需求和感受，而不是厚着脸皮将自己的问题甩给别人，让别人为你的感受负责。

为了获得内心片刻的舒服与安宁，控制狂们往往会将身边的人当成"垫脚石"，通过拼命地埋怨、指责别人来转移焦点。如果你身边也有这样的人，一定要态度强硬，不要被其影响。如果你本身具有这样的倾向，从这一刻起，学着抛去虚伪直面内心。

7

怎么拯救你，我的控制欲

某论坛上，一位网友倾诉说，他是个很情绪化的人，有着极强的控制欲。无论是和亲人、爱人还是和朋友相处，他都会下意识地去干涉对方的想法和行动，对他们指手画脚。身边的人越来越受不了他，他也为此感到苦恼不已，可就是无法消解自己的控制欲。

想要放下自己过于强烈的控制欲望，首先你要对控制欲有一个正确的认识。从心理学角度而言，这个世界上没有完全无控制欲的人，也不存在完全不受控制的人。

人从出生开始，就得学会去控制身体。随着时间流逝，婴儿得渐渐学着控制自己的面容五官去表达情感，控制自己的

手足，慢慢学会直立行走。

再长大一点儿，为了更好地适应环境，他得学会控制自己的情绪与想法。可见，周边的环境同时也在控制着他。在心理学大师弗洛伊德看来，无论我们控制的是自己还是别人，其实都是为了满足生物本能的需要，即更好地生存下去。而人在刚出生时往往有着最高的控制欲。只因刚出生的婴儿十分弱小，潜意识里对自我认同感低。

那么，哪种情况下人的控制欲望会逐步减弱？在他被适当满足，个人价值得到充分肯定的时候。在他意识到即便偶尔放手，周围的环境也不会变得让他无法忍受的时候。可见，想要拯救自己的控制欲，我们先得摆正自己和他人之间的关系，不断提升个人价值。

前段时间，一对韩国明星夫妇闹离婚的新闻在网上传得沸沸扬扬。新闻中的女方被爆出结婚时要求男方签订了一份家规，其中很多条文都让人感到窒息。比如，"在外面喝酒只能喝到10点""脱掉的衣服放到原来的位置，不能任性耍脾气，小心说话"，等等。

令人无法理解的是，这份准则的最后却标明：女方需要注意的点，无。很多网友吐槽说，女方这是将自己放在了绝对正确的位置，丝毫不容挑战。有熟悉女方的人这样分析说，女方近些年来演艺事业发展停滞不前，虽然她尝试的领域很多，却都没有取得亮眼的成绩。可能是因为自我价值感低，才焦虑地想要抓紧一切。这慢慢演变成了恐怖的控制欲。

控制欲强的人大多缺少和不确定性共处的能力。一般由以下两种情况造成：

1. 被过度"剥削"。

这样的人可能拥有很多伤痛体验，这让他们很难信任别人，更难信任自己。他们通常有着较低的自我评价。可是，这样的人极度自卑的同时往往又很自负。

2. 被过度满足。

这其实是另一种形式的"被剥削"。正因他们成长过程中很少体验过失望的滋味，所以也很难真正成熟起来。等进入社会后，一旦某件事或某个人让他们感觉到失望、不受控，汹涌的负面情绪可能会直接摧毁他的自信，令他对自身的认同感一夜间降到谷底。

心理医师认为，处理好任何关系的前提，是先处理好与自己的关系。你要学会建立一个新的自我评价体系，这是去除病态的控制欲望的第一步。试图去听取和接受外界对自己的评价和批判，但亦不能放弃倾听来自内心的声音，这样才能更正确地认识你自己。

很多人一直对自己很苛刻，这是他们自我价值感低的原因。如果你也是这样的人，不妨每天起床时都在心里默默为自己加油打气，或者，每天早上看着镜子里的自己，强调这几点：你有很多闪光点；你能凭借自己的能力保护好自己；你是一个可爱而有趣的人。

我们情绪低落的时候，脑海中难免会出现自我否定的声音。这时候就要学会用正向评价来屏蔽。比如，请那些真正了解你在乎你的亲人、爱人、朋友来客观地评价你自己，记录下那些正向的积极的反馈。时不时回味这些评价，给自己更多的自信心。

你要学会接纳他人，认识到人和人之间是不同的，人需要多种关系交互融合构筑成一个丰富的精神世界。很多时候，关系中的控制，源于你只注重自己的感受，却不注重对方的需求。不妨以更弹性的心态去面对变化中的一切，学着包容一段关系中的不完美，学着倾听对方的心声。你还要明白，除了爱情或其他亲密关系外，人应该有更精彩的生活。

你需要转移注意力，培养更多兴趣爱好，或尽可能地扩大自己的圈子。很多控制欲强的人，恨不得将所有时间和精力都倾注到自己的爱人或者亲人身上，于是渐渐在这段关系中迷失自我。其实，生活中有那么多美好的事物值得你去关注，何必钻进牛角尖里不断给自己给他人带来痛苦？不妨多去接触一些阳光向上的人、事、物，远离负能量。

比如，多来几场轻松的旅行，多听几场激情昂扬的音乐会，多和积极豁达的人交往。在这个过程中学会更深地观察自己的思绪和情感，与自己达成和解。

控制欲强，是一种病。为了驯服内心的控制欲，你必须逐步强大自我内心，建立起稳定的自我价值感。这样你才不必通过控制别人来获取信心。

8

面对控制与占有欲望过强的人，守住自己的界限

一位女作家曾在其自传中提起这样一件事，在她刚和前夫陷入一段甜蜜的爱情时，对方化身成为天下最懂得照顾女人的男人。那时候，每天早上她一睁开眼睛，便发现床头摆着一杯热腾腾的牛奶，一份她爱吃的食物和一份她必看的报纸。

和他相处久了，才发现他这份温柔与细致背后有一个前提，那就是"一切事物在他掌控中"。一旦他的占有欲和控制欲受到了挑战，他就是最不容人的那种人。

如何聪明地和控制欲强的人相处，是一个难题。因为这样的人可能终身都在追求支配与操纵的感觉。如果不想被对方牵着鼻子走，就一定要守住自己的界限。

现实生活中，很多人却不了解这一点，以至于频频走入以下两个误区中：

1. 与控制欲强的人进行无意义的争辩。

控制欲强的人乐于见到别人屈服于自己的影响力下，他们生平最喜欢的事情就是在无意义的争辩中胜过他人。拿《生活大爆炸》中的谢尔顿来说，每当朋友愤怒地问他，为什么别人都得按照他的想法去行动时，谢尔顿都会眼前一亮，兴趣十足地去反驳。他会搬出一大堆"歪理邪说"，胡搅蛮缠直

至朋友彻底认输。他很享受这种胜利感和满足感。

其实，明智的做法是按下暂停键，拒绝争论。你可以第一时间告诉对方："我们当然需要谈一谈，但现在我们都在气头上，显然不是交谈的最佳时机。不如等到明晚。"

2. 盲目陷入情绪陷阱中。

和控制欲强的人在一起，你很容易被激怒或者感到沮丧。事实上，控制狂们最喜欢看到别人情绪失控，这样他们才有机可乘。因此，在和控制狂打交道时，一定要做好情绪管理。比如，和他们说话之前，试着深呼吸。交流的过程中，每逢情绪临近爆炸，不妨想象一些能让自己镇定下来的事情。比如，幻想自己正沐浴着阳光踏在一片青草地上。

如果对方步步进逼，令你不得不做出反应，不如含糊其词地回应他。比如"你说的这些我还得考虑考虑"。千万不要和对方较劲，你一认真便落了下风。

其实，与拥有强烈控制欲的人相处，第一步是建立好边界。首先任何时候你都要牢记自己的基本权利。不要因为对方难相处，就逐步退让。要知道你退一步，别人就会进一步。况且，那些控制欲强的人最擅长给人洗脑，让人不敢去争取自己应有的权利。

才女蒋方舟曾说，很长一段时间里她都在牺牲自己的权利去忍让他人。只因她潜意识里认为自己是不值得被他人无条件爱着的。慢慢地，她"好像越来越不会去表达自己真实的情绪"。直至有一次，一位年长者肆无忌惮对她指手画脚，将她批评教育了一通。

那一刻，她的那些权利意识仿佛都觉醒了。她尝试着和对方据理力争，然后扬长而去。这件事让她明白，原来自己也是值得被人善待的。从那以后，她时刻提醒自己，任何时候、任何场合中都要将自我权利放在第一位，尤其面对那些强势的人更要积极争取自我权利。

另外，在和控制欲强的人相处时，你要第一时间亮明底线。清楚地告诉他们你可以容忍什么，不能容忍什么。如果口头强调不管用，不妨用纸笔记录下来。豆瓣上一位网友说，自己曾和控制欲强的男朋友约法三章：过去一些私人的记忆，若不愿意向对方倾诉，不许勉强；不许干涉自己与异性朋友的正常交往；不许偷偷翻查自己的手机……

他们将这些注意事项在"恋爱合同"中记录得清清楚楚。之后的相处中，男朋友纵然控制欲强，却也会小心翼翼地维护他们的关系。因为他知道做哪些事情会惹得女友不高兴。

记住，或许你没有能力控制也不屑于去控制别人的负面行为，但是你可以控制自己做出怎样的回应。比如，和控制狂男友分手，将控制权完全掌握在自己手里。你要做独立的个体，而不是被精神虐待的受害者。

当然，我们身边那些控制欲强烈的亲人内心可能也背负着很多痛苦。与他们相处的过程中多付出一份理解与包容是必要的。毕竟他们极有可能是爱着我们的，只是用错了方式。

有些非原则性的问题，能包容就包容，或者耐心地帮助他们戒除控制欲。可一旦涉及原则性问题，我们必须寸步不让。坚定地守好底线，不要败于亲人们的眼泪攻势下。

总之，与控制狂相处，你需要练就一颗强有力的心脏。反复重申自己的底线，强调自己的基本权利，必要时屏蔽对方的抱怨、批评和指责，守护好自己的界限。

第九章 保持适度的欲望，让我们体会到快乐

1
战胜欲望的第一步是走出负罪感

精神分析学认为，欲望会产生负罪感。那些意识到自身汹涌欲望的人，同时也会受到负罪感的折磨。热播剧《小欢喜》中，乔英子深知母亲宋倩独立抚养自己不容易，所以她平日里极尽乖巧懂事。可乔英子再懂事也只是个孩子，天性爱玩爱闹。一旦意识到自己也有着玩闹享乐的欲望，乔英子便会陷入深深的负罪感中，心情变得越来越压抑。

凡人都有七情六欲，想要戒除欲望无疑是难上加难。所以，越来越多的人不由自主地陷入一种矛盾的心理中："我有欲望"，可"欲望是有罪的"。

可这种思维模式只会让你的情绪变得失控，让你始终走不出负罪感的阴影。有的人因此终日活在惶恐中，总是觉得自己"不值得人爱""配不上更好的生活"，于是动不动牺牲自己成全他人。有心理学家将这一类人的心理特点总结为"享受能力低下"。

享受能力低下的人可能过得无比节俭。他们拼命压抑着内心的欲望，仿佛自己有需要这件事就是对不起谁似的。哪怕是正常的消费，也会在负罪感的驱使下残忍地攻击自己："你又不是猪，为什么总是这么贪嘴。""你有什么资格穿这么好的衣服，对得起谁啊？"……

享受能力低下的人，哪怕遇到一份真挚的爱情也总是逃避。他们不敢面对内心对爱的需求，在真心喜欢的人面前总是沉默畏缩，迟迟不去追求。即便对方向自己表明了心迹，也不太愿意相信，总小心翼翼地试探对方。有的人因为害怕被抛弃，甚至会主动放弃对方。追根究底，是他们对自己爱的欲望有着深深的负罪感，觉得自己不配被爱。

　　享受能力低下的人，往往会错过很多改变人生的机遇。这往往不是因为他们能力不够，而是因为他们在机遇来临之际一直观望、犹豫，却不敢付出行动。等机会流失后，他们一面追悔莫及，一面否认自己："看吧，你注定只能过这样的生活。"

　　这一类人对自己的"需要"怀有羞耻感和愧疚感，所以才拼命压抑自己的欲望，不断说服自己继续过糟糕的生活。可是，人在心理上越是不接纳自己的欲望，就越容易失控。失控后又会带来更多负罪感，于是我们的心情越来越压抑、沮丧，终日患得患失。

　　而这还不是负罪感能带来的最坏的情况。武志红分析说，有些人可能在负罪感的驱使下走向另一个极端——"用破坏的方式去追求欲望，用疯狂的方式来表达欲望"。

　　这一类人打心眼里认为"需要是有罪的"，内疚折磨着他们的灵魂，让他们觉得很不舒服。为了彻底消除这种内疚感，他们干脆顺从于内心邪恶的欲望，无恶不作。

　　正如小说《追风筝的人》的主人公阿米尔为了消除自己对仆人哈桑的愧疚，不惜冤枉哈桑偷了自己的生日礼物。负罪感令这样一个本性良善的少年沦为说谎的恶魔。

另一部经典小说《倚天屠龙记》中，武当弟子宋青书原本前途一片光明。后来他因偷窥峨眉派女寝，被师叔莫声谷撞破而逃走。之后宋青书又中陈友谅奸计，误杀师叔莫声谷。

宋青书不愿意承认出身名门的自己居然有着诸多邪恶、龌龊的杂念，同时杀害师叔的负罪感又折磨得他食不知味、夜不能寝。为了摆脱这种负罪感，宋青书一不做二不休，干脆听从陈友谅的唆使，公然当了武当的叛徒。后来，他甚至谋划着要去毒杀张三丰及武当一众弟子。至此一步错步步错，宋青书的人生彻底走向万劫不复的境地。

为了避免这一切的发生，我们一定要走出病态的负罪感。你要意识到，你有需求、有欲望是一件无比正常的事情。你没必要牺牲自己的需要或者用严厉地谴责自己、惩罚自己的方式来消除这种负罪感。武志红说，如果一个人总是满足别人的需要却从不滋养自己，就一定会"干枯"，直至失去生命力。为此，他提出一个自我拯救的小技巧：

端正地坐在沙发上，同时放松身体，做几个深呼吸。彻底放松下来后，一面回顾过往岁月，一面缓慢地说出这句话："我最想要的是……"

多重复几遍，你可能会说出一个在内心隐藏很久的，连自己也未察觉到的愿望。接下来，请尽量满足自己的需要，尽全力滋养自己。依靠这个小练习，你的负罪感会逐渐消失。

你要正面应对、尝试接受让自己感到害怕甚至是有些邪恶的欲望。如果每次脑海里冒出点儿邪恶的想法，你都是用逃避的态度去应对，那些邪念反而会深深扎根于你的心中。明智的做法是坦然面对，同时积极分析自己的心理状态，始终保持清醒的头脑。

你的欲望、需要，甚至"恶的冲动"都不是一种罪过。这些都是人与生俱来的属性。唯有走出负罪感的阴影，才能有效地管理欲望，获得真正平和、快乐的心境。

2
懂得取舍，鱼和熊掌不可兼得

综艺节目"超级演说家"的舞台上，某选手一篇名为《欲望管理》的演讲获得很多掌声。她侃侃而谈道："在这个社会上，我们女人的角色很多。为人妻为人母为人女。为人上级，为人下属。每一个角色，都要求我们做得很好。我们在做每一个决策的时候，直接导致的就是，我们的欲望自然会很多。有欲望有错吗？没错，欲望多有错吗？好像也没错。"

她顿了顿，继续说道："我们女人要合理地去管理我们的欲望。同时在实现所有欲望的过程中，我们要做到取舍二字。我们要学会去取舍，这是一个人应该掌握的技能……"

人的一生少不了选择。我们总盲目追逐着与个人能力不相称的目标，过分欲求越来越多的东西。虽然"鱼与熊掌不可兼得"这句箴言时时响在耳边，却并没有被深深刻印在我们心里。年龄越大，反而变得越来越贪婪，欲望似乎从未有过被满足的时候。然而，那些主动去节制欲望、懂得取舍并及时放弃的人才能收获真正平和从容的心境。

经济学上有一条"鳄鱼法则",意思是说:若有一条鳄鱼狠狠地咬住了你的脚,你如果伸手去掰鳄鱼的嘴,想将脚挣脱出来,你的手和脚很可能会被鳄鱼同时咬住。你挣扎得越是厉害,被咬的部位就越是多。想要活下来,唯一机会是舍弃被咬的那只脚。

一旦察觉到心中的欲望变成了咬人的鳄鱼,你就得当机立断地割舍掉心中的贪念,否则只会被它吞噬掉越来越多的幸福。而不懂取舍的人,只会接连遭遇现实的暴击。

工作上,你处处都想做到最好,野心勃勃,什么好处都不愿意放过,谁知奋力拼到最后却只落得个一事无成的结局;生活中,你明明已经拥有很多东西,却始终不懂感恩,不愿意知足,谁料人生就此迷失方向,逐渐走向悬崖峭壁……

所谓"人心不足蛇吞象",在取与舍面前,人们总是选择前者。能够舍弃贪婪欲望的人实在少之又少。行走在人生的旅途中,不要只顾着索取,你若一刻不停地往背囊里放东西,迟早会被那沉甸甸的欲望压得抬不起头直不起腰,被折磨得一辈子都心神不安。

想要从容地走过这岁月,就得时不时地清空欲望,从零开始。正如富兰克林所言:"放弃是生活中必须面对的一种选择,学会放弃才能卸下人生的种种包袱,轻装上阵。"

意大利著名男高音歌唱家帕瓦罗蒂小时候野心勃勃,既想要当老师,又想要当科学家或者工程师。在他的想象里,长大后的他逐一实现了这些目标,而且在每一个领域里都很成功。父亲却告诫他说，荣耀只有一份，如果他想要得太多只怕最后会一事无成。

帕瓦罗蒂将父亲的劝导牢牢记在了心里，在父亲的提示下，他最终选择了歌唱事业。他向着这个目标孜孜不倦地努力着，最终获得了属于自己的辉煌与荣誉。

有句歇后语叫作"黑瞎子掰苞米，掰一穗丢一穗"。人性的不知足，令人得陇望蜀、欲壑难填。若合理的欲求变成无止境的贪婪，只会将人硬生生逼成欲望的奴隶。身处低谷的人在欲望的驱使下越发自私无度地索取，于是越过越狼狈；身处巅峰的人永远望着一山比另一山高，却忽视自己脚下的路，终有一天会跌落神坛、潦倒不堪。

人生就是"取与舍"的过程。选择长远的发展，就要舍弃眼前的名利诱惑；选择创建一番傲人事业，就要放弃暂时的安逸享受。欲望是阻拦你做出合理选择的"拦路虎"，你所要做的就要打碎这欲望，抓住自己迫切希望实现的目标，果断舍弃掉不必要的负担。如此，才能掌握人生的主动权，到达成功彼岸。要知道，有时候舍了该舍的，反而能得到更多。

作家泓露沛霖曾说："如果放弃不了昨天，你就会将生命白白消耗在这一刻的踌躇不前中；如果放弃不了眼下，你就不能发现另一片海阔天空；如果放弃不了枷锁，你就永远任生活操控，而不能去发现另一个属于自己掌握的空间。"

《卧虎藏龙》中也有一句经典台词："当你紧握双手，里面什么也没有，当你打开双手，世界就在你手中。"人生路漫漫，其中埋伏着太多的诱惑。我们身边亦缠绕着太多无形的欲望。

聪明的人不会将一时的得与失看得太重。得到,他们不会大喜,更不会贪得无厌;失去,也不会扰乱他们的心境,令他们从此一蹶不振。正因他们懂得取舍的道理,才能如此坦然地面对这一切。希望你我在关键时刻都能学会取舍,该放弃的时候都能下定决心。

3
降低欲望值,增强幸福感

毕业参加招聘会,你无比渴望能找到一份薪水高、福利好、压力小、离家近的工作;辞职去创业,你希望毫不费力地就能达到年入百万的"小目标",轻轻松松走上人生巅峰;将资金压在一只股票上,你盼望它能持续上涨,永远不会跌……

你往往想得很美好,现实却很"骨感"。于是,你变得越来越焦虑了。之所以会这样,是因为你欲望的"阈值"过高。现实经验告诉我们,欲望的阈值越低,越容易得到满足,幸福感就越强烈;欲望的阈值越高,越不容易满足,幸福感便迟迟不来。

一位演员曾说:"人越傻,越幸福。"这里的"傻"其实指的是欲望低,对生活的要求低,只要稍微努力,就能够触摸到这份真切又实在的幸福。

毛姆的小说《人性的枷锁》中,菲利普与阿瑟尼涅形成了鲜明的对比。菲利普小有资产,各方面的条件都比阿瑟尼涅好得多，但他却始终心事重重，不如阿瑟尼涅过得开心。

菲利普从小就有着强烈的出人头地的欲望。长大后，他做梦都想着要发财致富。每逢美梦被戳破，他都会变得焦虑不已。而阿瑟尼涅却有着截然不同的生活态度。虽然家里很穷，他却不认为自己正身处于逆境之中，也不会为此感到痛苦。他珍惜生活中一点一滴的幸福，从不会对未来怀抱着不切实际的打算。见他活得如此有滋有味，菲利普羡慕不已。

微博上，一位网友感慨道："小时候吃点儿猪油拌饭简直香到骨子里，可如今哪怕面前摆着山珍海味也不觉得开心。"这其实就是阈值的增长。

有这样一个幸福公式：幸福感＝得到的－期望的。虽然欲望的满足能带给我们幸福感，但这其实是一件很难的事情。只因"人生而有欲"，欲望伴随着人的一生，欲望实现所带来的满足感同时也会提高你的阈值，令你越来越不容易感知到幸福。

想要追寻真正的快乐与幸福，不妨尝试着去降低欲望值。按照经济学的观点，同样的事物会产生相似的效用，可是欲望值越高，所能得到的幸福就越少。比如，一位有钱人和一位穷人都捡到了一百元，富人的欲望是买下一栋更大的房子，一百元对他而言是杯水车薪。而对于穷人而言，他的欲望只是吃一顿饱饭，一百元给他带来的幸福感是无与伦比的。

学会降低欲望值，反而能提升我们的幸福指数。有人做了一个形象的比喻：与其在一口大锅中贪婪地捞取食物，不如从精巧的小杯子里从容地呷一口美酒，并享受其中。

热播剧《父母爱情》中，无论是姐姐安欣还是妹妹安杰最后都得到了幸福。只因她们都懂得排遣多余的欲望，并深谙知足常乐的道理。尤其是安欣，虽然她的一生坎坷波折，但她始终从容面对，怡然自得。她的丈夫欧阳懿恃才傲物，因此遭遇不幸，被流放到黑山岛。安欣作为一位大家闺秀，不惜放弃一切来到那座偏僻的小岛，陪伴在丈夫左右。

居住的条件十分艰苦，她就将家里收拾得干干净净。四处遭人白眼，她就转移注意力，不让自己多想。她兢兢业业地工作，认认真真地经营着生活，同时无比珍惜那些难得的快乐时刻。安欣是那么容易知足，这种心态最终帮助她度过了那段艰难岁月。

泰戈尔说："人到中年，会放弃虚幻的世界和不切实际的欲望，总是把它局限在自己力所能及的范围之中。"将欲望值设置得过高，只会迎来越来越多的失望。将欲望值调低，就更容易达到目标，获得快乐的心境。这种快乐也是促使我们向下一个目标迈进的动力。

当然，所谓降低欲望值，不是完全割舍欲望。如果一个人毫无追求，过得颓丧懒散，也会让人诟病。降低欲望值体现的是一种淡泊的境界，也是一种务实的生活态度。只因理想与现实之间终归是有差距的。秉持着"未料胜先防败"的心态，不带负担、拼尽全力地去应对生活中的挑战，无论结局是好是坏，都不会削弱我们的幸福感。

拥有欲望不是一件坏事，但过多的欲望却能成为我们痛苦的根源。古语说："贪如火，不扑则燎原；欲如水，不遏则滔天。"财富、名利、权势，一点点膨胀着我们的私欲，一步步提升着我们的阈值。它令我们泥足深陷，无法自拔。

正如《渔夫和金鱼的故事》里，那个贪心的渔夫老婆，有了新木盆，她却觊觎起了木房子。有了木房子，她就想要当贵妇人。当上了贵妇人，她却不满足，还想当女皇，甚至海上霸王……欲望像肥皂泡沫，越吹越大，一旦超过阈值必然破裂。

所谓"少欲则心静，心静则事简"。尝试着去降低欲望值，你会发现简陋的出租屋也充满温馨，简单的白馒头吃起来也很香。尝试着去做一回"傻傻的"自己，你会发现幸福原来就在自己身边。

4

学会做减法，才能享受到人生的真正乐趣

某综艺节目中，一位女演员被问到择偶标准。她想了想，认真回答道："我喜欢看过世界的男生，不喜欢对世界还蠢蠢欲动的男生。"其他人听了迷惑不解。她又解释说："因为只有读懂过生活，看过世界，你才会珍惜眼前所拥有的东西。"节目现场，一位作家听了女演员的话很是赞赏，并立马补充道："这就是一个见过世界的女人的择偶标准。"

有句话说得好："越是见过世面的人，欲望就越少。"这样的人懂得给自己的思想做加法，给自己的欲望做减法。正如梭罗所写："把一切不属于生命的内容剔除，简化成最基本的形式。"有些人见识过了大千世界瑰丽的风姿后，却会更珍

惜身边微小的风景。他们能够轻易地挣脱繁华世界的羁绊和内心欲念的困扰，将素简的生活打理得趣味盎然。

智慧的人懂得给自己的欲望"瘦身"，比如作家村上春树。少年时，他也有过成名、发财的梦想。随着年龄增长，那些炙热的欲望却都在流逝的岁月里被渐渐淡忘。

这些年来，村上春树频频被提名诺贝尔奖，却始终一无所获。世界各地的读者都为他抱憾，村上春树本人的态度却无比淡然。名利欲望是他最不想要的东西，他更享受的是"匿名性"的悠然自得的生活。他每天早上四五点起床，到厨房热一壶咖啡，倒进马克杯，然后就着温热的咖啡，开始一天的工作。到了下午，他会外出跑步10公里或者游泳1小时。在空闲时光里，他随意读读书，听听音乐。晚上9点，准时上床睡觉。

村上春树只专注于自我的世界。有的人无法理解他的生活方式，他却认真地回答说："我能感受到非常安静的幸福感。吸入空气，吐出空气，呼吸声中听不出凌乱。"

人生就该是一个不断做减法、从一到零的过程，只因个人小小的身躯根本无法承载太多的欲望与梦想。面对花花世界，不要去想自己还能拥有什么。多想想我们最想要的是什么，当下最需要的是什么，什么对我们的人生百害而无一利，什么可以不必拥有。

最真实的快乐，不在于富足，而在于满足。所谓满足，不在于拼命地添加燃料，让那火势越燃越旺；而在于减少火苗，始终保持恒定的温度。所谓满足，不在于不择手段地争名夺利、夸荣争耀；而在于减少欲念，踏踏实实地拥抱明确而简单的生活。

王阳明说："减得一分人欲，便是复得一分天理。"学不会给欲望做减法，只会堕入无边苦海，不得救赎。以有限的生命去追逐无限的欲望，无疑是这世上最愚蠢的事情。

　　而给欲望做减法，其实就是简化人生的"节目单"。明确努力的方向，舍弃无用的目标，不断汲取养分，并一心专注，如此才能成就自我的圆满，并得到最大的快乐。

　　慧远禅师年轻时心思繁复而活络，喜欢云游四方。20岁那年，他在旅途中遇到一位同伴。两人结伴而行，相谈甚欢。休息时，同伴给了他一袋烟。分别时，那人又送给他一根烟管。慧远禅师一开始很享受抽烟的快感，后来却越想越不是滋味。

　　他想："烟草令人如此舒服，肯定会打扰到我的禅定。久而久之我一定会养成恶习，不如趁早戒掉。"下定决心后，他将路人送给他的烟管和烟草全部扔掉了。

　　过了几年，慧远禅师又迷上《易经》。他反复钻研，颇有心得。有一天，他突然告诉自己："如果沉迷《易经》之道，不可能全心全意地参禅。"于是，他又一次放弃对《易经》的研究。再后来，他对书法与诗歌产生了极大的兴趣。一些书法家和诗人对他的作品赞不绝口，他也因此获得了一些名气。某段时间里，慧远禅师沉迷于名利中无法自拔。幸好，他最终明确了自己的心意："我最大的愿望是成为一位禅师，目前的生活无疑是偏离了正道。"

　　人在欲望的苦海中沉沉浮浮。唯有将剪不断的执念，一点点开解，将看不开的名利欲望慢慢地看淡，像慧远禅师一样找到真正值得追求的目标，才能有所成就。这便是专注的力量。

若在内心盛满欲望，得不到又放不下，无异于自己给自己套上了枷锁。

在网上看到这样一段话："好的生活不是拼命透支，而是款款而行。当我们被欲望追赶，步子迈得太快，就容易丧失自我。懂得给欲望做减法，学会与内心平和相处，坚守一份清醒与自知，保持自己的步调，才是真正的内心强大。"成长也许是不断地给欲望做加法的过程，但成熟一定是给欲望做减法的过程。后者才能让你收获更多的幸福和快乐。

5
保持适度的饥饿感，让你做事更高效

国外科学家曾用两组小白鼠做相关实验。一组小白鼠被不间断地喂食，一组被有规律地间歇性喂食。实验结果让人意外：适度的饥饿感反而能延长寿命。如果无所顾忌地满足食欲，只会导致消化系统负担过重，多余营养堆积成体内垃圾，久而久之就会威胁到健康。

华盛顿大学也曾做过一项关于饥饿的研究，结果发现：处于饥饿状态中时，人的大脑会自动忽略对睡眠的需求，使得工作效率更高。而饱肚时，人的状态却恰恰相反。

要知道，人在欲望面前智商是会降低的。比如，香烟盒上明明写了"吸烟有害健康"，但有些人还是一根接一根地吞云吐雾；有些人明明知道自己肝脏代谢功能不好，但他们还是一口接一口地喝酒；有些人明明知道毒品是万恶之源，但他们还是义无反顾地跳入深渊……这一切都是因为欲望。人若无一定的自制力，一定会随着欲望堕落。

回想每次吃太饱，你的斗志是不是都会立时松懈下来："先躺会儿吧，这会儿去运动对胃不好""先睡会儿，醒了再看书"……吃得太饱让我们不由自主地想将手头的事情搁置下来。然而越是搁置，便越是生疏，斗志与自信也在这个过程中消失得无影无踪。

于是，你越来越无力去做好一件事，状态日渐消沉。对于那些自律的人来说，平日饮食若习惯了"七分饱"，便能用那"三分饿"换回更好的工作状态。

舞蹈艺术家杨丽萍长年以来都保持着"七分饱"的饮食习惯，她的食谱是这样的：早上 9 点喝一杯盐水；9 点到 12 点喝 3 杯普洱茶；中午 12 点吃简单的午餐，一小盒牛肉、一杯鸡汤和几个小苹果；傍晚吃晚餐，只有一片牛肉和两个小苹果。一次采访中，主持人对此表示惊讶。杨丽萍却坦然道，这是她保持身材及多年如一日的舞台专注力的秘诀。

适度的饥饿感能让我们跳出欲望的束缚，让我们从身到心都被清扫一空。它不仅能调动我们的工作积极性，更能增强我们的韧性，让我们清醒面临人生中的任何选择。

保持饥饿感的原则适用于任何欲望。无论是对食物、玩乐的渴望，还是对财富、权力的追逐，都要量力而行，始终保持着"三分饥饿"。当然，事实一再证明，人性的贪婪通常却从食欲开始，不知不觉中剿灭了人的理智。等你蓦然惊醒，

却发现自己早已泥足深陷。

微博上，一部揭露人性的短片引来很多热评。一个豪华的餐厅里，食客们围坐在餐桌前，贪婪地享受着丰盛的大餐。侍者们来回穿梭，源源不断地奉上美食。各种喷香的食物让人食指大动、垂涎欲滴。在一群狼吞虎咽的食客中间，一位年轻的贵妇却皱着眉头，若有所思地观望着其他人。虽然腹中饥饿，年轻贵妇却始终坚持自我，不肯加入其中。

众人将桌子上的大餐清扫一空，他们脚下的地板突然开裂，所有食客立时坠落入下一层。侍者们却不动声色。只见他们降下吊灯，又来到下一层，伺候着食客继续进食。坠落的食客们满身油污，却浑然不觉。他们继续吞嚼着桌上的美食，贪婪无比。就这样，他们一层又一层地坠落。那位年轻贵妇终于向心中的欲望妥协，开始不顾形象地大吃起来。突然，地板咯吱作响，这一群食客再一次坠落。只是，这一次坠落却永无尽头……

斯坦福大学教授凯利在《自控力》一书里这样写道：若"控制的自己"战胜"冲动的自己"，意志力将会加强，也更容易做成一件事。能在欲望面前保持饥饿感的人，都有极强的律己意识。这样的人通常能成就更大的事业，过上更好的人生。

与原始欲望做对抗是一件很难的事情，所以很多人轻易地败下阵来。你可以从精致饮食和少吃多餐开始，用抑制的食欲来换取清醒的头脑，一步步改变自己。有了足够的练习后，接下来，你在面对内心的任何欲望时都要严格要求自己保持三分饥饿感。

6

弄清楚你到底想要什么，追求真正的快乐

你是不是也正强烈地渴望着某件事情？如渴望挣钱、出名，渴望得到别人的夸赞。

你有没有类似的上瘾行为？比如控制不住地刷微博、看小说，却耽误了正事荒废了时间。

你是否曾像个严重强迫症患者一样，过度关注某件事的结果？如更新朋友圈或者在公众号发文后，隔几分钟就点开，一遍遍刷新他人的点赞与评论。

……

这些无法停止的强迫行为背后，都彰显了我们的欲望。它似乎带给了我们无限的快乐，却又让我们充满痛苦。而你痛苦的原因，不仅在于你在盲目无度的追求与索取中丢失了真实的自己，更在于你错误地将渴望当作了快乐，却忘了自己真正想要的是什么。

张德芬的作品《遇见未知的自己》曾掀起一阵阅读狂潮。书中，若菱认识真实自我的过程让人感慨。故事的开头，对生活失望透顶的若菱遇到了一位奇怪的老人。

老人问："你是谁？"对此，若菱分别从身世、教育背景、职业家庭等方面介绍了自己，却都被老人否定了。面对若菱

的疑问，老人说："我想要帮助你认清楚一些事实，因为我们人类所有受苦的根源就是来自不清楚自己是谁，而盲目地去攀附、追求那些不能代表我们的东西！"分别前，老人丢给若菱一个新问题："你真正应该追求的到底是什么？"

你为什么会有那么多的欲望及强迫症行为？它们真的是你想要的吗？它们能带给你真正的快乐吗？答案是否定的。心理学家认为，是大脑中的"奖励系统"挟持了你，让你在盲目的追逐中迷失了你自己。1954年的一个著名实验证明了这一点。那一年，詹姆斯·奥尔兹和彼得·米尔纳无意中将电极植入小白鼠的伏隔核，进行电击。他们观察到，电击之后，小白鼠会不停地回到之前受到电击的地方，渴望再经历一次那种感觉。他们灵机一动，想出用适度电击的奖励方式来操纵小白鼠。而在进一步的实验中，两人还发现只要提供相应的条件，小白鼠就会主动寻求刺激，且永不满足直至力竭而死。

研究人员又针对人类进行了类似的实验，也收到了相同的效果。原来，人脑中存在一个"奖励系统"。每逢这一区域受到刺激，大脑就会告诉我们："这种感觉很好，你需要更多。"于是，我们不自觉地想要刺激这块区域，永不知足。而这一系统又涉及大脑中一些关键区域，比如杏仁核等。当个体出现欲望时，其大脑中杏仁核发出的信号被增强，导致个体对欲望情绪的反应大大超出原本的强度。这是人的某些反应行为得到强化的原因。

奖励系统在刺激着我们的多巴胺带给我们快乐的同时，也会让我们在欲望无法实现时陷入痛苦和焦虑的情绪中。一旦人们过度追求刺激，更会伤害到身心的健康。现代人放纵欲望，在不停地奔忙中将自己变成了无知的小白鼠，无疑是一件很可悲的事情。

其实，那些让你欲罢不能的目标、追求，并非出自你真正的喜欢，而在于虚假的渴望。《遇见未知的自己》中，若菱第二次见到老人时，问道："为什么人们都在追求爱、喜悦与和平，为什么几乎是人人落空？每个强颜欢笑的后面，隐藏了多少辛酸？为什么？"

老人微笑着回答说："因为你失落了真实的自己。"

当我们被自我大脑中的"奖励系统"所欺骗，在实现欲望的过程中与真实的自我渐行渐远的时候，只会越活越疲惫，最后与真正的幸福与快乐失之交臂。

想要找回自己，先弄清楚你到底想要的是什么。为此，我们必须告别过往的思维模式，建立正确的奖励系统。人脑的前额皮质分管着三种力量："我要做""我不做""我想要"。掌管"我要做"的区域让人处理枯燥困难的工作；掌管"我不做"的区域能让我们控制自身的冲动；掌管"我想要"的区域，能让我们记住真正想要的是什么，从而拒绝诱惑。

训练大脑的前额皮质，能提升我们的情绪控制能力和目标管理能力，让我们拥有解绑"虚假渴望"的勇气和能量。避免熬夜、酗酒、吸毒等行为，它们会伤害到大脑的前额皮质。通过锻炼、冥想、整理花园、做家务等方式能活跃大脑的前额皮质，让我们变得意志坚定。慢慢地，我们的价值判断便变得更为理性，也会知道如何正确地奖励自己。

知乎上，一位网友针对"如何才能弄清楚自己到底想要什么"对这一问题的回答让人获益匪浅。他说，我们必须先进行长久思考的准备。在这个过程中，不断地质问自己，推翻之前不成熟的想法。这些问题包括："你理想中的人生状态是什么样的？在这个想象的人生状态中，你每天在做什么？回想一下，生活中哪些时刻让你很有成就感？别人一般会表扬你的什么成就？什么事情是你会一直自发去做的？什么事情是你花了最多时间去做的？"

首先，你可以通过笔、纸、手机便笺、手机 APP、Word、Excel、思维导图等工具将问题和答案都记录下来。明确了一个模糊的方向后，接下来，你需要进行新一轮的质问："做这件事时你的感觉是什么？为什么是这件事？如果这件事不赚钱，你还愿意做它吗？如果这件事需要你花钱去做，你愿意为了它而付出吗？每日温饱之余，你还愿意持续坚持下去吗？"

接下来暂定一个方向，慢慢地向它靠近。在你切实地展开行动的过程中，如果你始终保持着平和的心境，且收获到的快乐无比质朴而长久，此时的你已经找回了丢失的你自己。

通过不断的反思与质问，才能在形形色色的欲望中辨别出真正想要的。才能让我们摆脱欲望和上瘾,感受到真正的快乐、舒适与宁静。

7
追求预期目标失败时，不妨来点儿"甜柠檬"

电视剧《小欢喜》中，这一幕让观众们热泪盈眶：春节时，三家大人坐在一起聚餐。屋外是欢欣的氛围，屋里每个人心里却都流淌着无言的痛楚。方圆和童文洁夫妇遭遇中年失业，恰逢父母被骗了巨款，沉重的经济压力压得他们喘不过气来。宋倩和乔卫东这对离婚夫妇虽然经济宽裕，但他们唯一的女儿却在高考来临之际患上了中度抑郁，差点儿走上绝路。季胜利、刘静这对夫妇家境优越、家庭幸福，可刘静偏偏罹患癌症，生命慢慢走向了最后阶段。原本，这三家人各有各的追求和欲望，但一系列的意外却打破了他们的计划，让他们饱尝煎熬。尽管如此，生性乐观豁达的他们还是在努力笑着，互相鼓励着彼此。尤其是刘静，她的身体因为化疗导致的副作用到了难以忍受痛苦的阶段，但她依旧笑着说："我呢，按部就班地化疗吃药。没事，会好的。"这是在宽慰大家，也是在安慰自己。

当现实牵绊住了你的脚步，击溃了你的梦想时，与其自怨自艾，不如及时地调整心态，从悲观绝望的情绪中挣脱开来。心理学上有一个概念叫作"甜柠檬心理"，说的是个体在遭遇欲望破碎、希望成灰的时刻，努力尝试去提高已实现的目标的价值以达到心理平衡。

它来源于伊索寓言的故事：有只狐狸生平最大的愿望就是能满足自己的口腹之欲，但它怎么也吃不上梦想中的香喷喷的食物。找来找去，它最终只得到一只酸柠檬。为了让自己开心起来，它对自己说："这柠檬好甜，好好吃，我拥有它真的很幸福。"

心理学家解释说，很多人之所以受困于负面情绪，往往是由于他们的欲望与现实之间起了冲突。人生难免遭遇意外，个体在受到痛苦与挫折后最重要的事情是调动自我心理防御机制，来积极对抗压力，在恢复心理平衡的同时激发起自我的主观能动性。

而"甜柠檬心理"便属于心理防御机制中的一项重要内容。这一心理学效应对我们的现实生活有着莫大的启示。它告诉我们，如果被欲望驱使着盲目羡慕他人的生活、跟风他人的脚步，便会忽略自己所拥有的。这世上永远有比你活得更幸福更"高级"的人，永远有着更高、更大的欲望驱使着你拼命地往前赶。与其被欲望吞噬，不如善意地"欺骗"自己："你过得很不错啊""看看你所拥有的，它们才真正值得你珍惜"……

"甜柠檬心理"告诉我们，要找到欲望与现实之间的平衡点。如果现实条件有限，无法实现预期的目标，一定要学会调整自己的心态。不妨坚定地告诉自己："你所遭遇的不幸都是上天给予你的考验，你若能勇敢地挺过去，必有后福。""挫折正是一个难得的成长机会。"……

它告诉我们，无法实现的欲望，就要果断地放弃。只因每个人的能力都是有限的，而过高的目标只会带给你无法承受的压力，最终令你失望不已。所以，当贪欲出现时，不妨坦然地面对现实，承认自己就是能力有限，而不要盲目追逐不切实际的目标。

电影《长江七号》中，一对父子过着贫穷却又温馨的日子。父亲在工地上搬砖做苦力，挣钱供儿子小迪读书。虽然平日里工作十分辛苦，困难多多，他却是个乐观而知足的人，像极了伊索寓言里那个得到一只酸柠檬却安慰自己柠檬很甜的狐狸。

每晚下班，他会在简陋的房子里精心地给儿子烹饪晚餐。虽然只有一碟青菜、一碟鱼骨头，父子俩却像在吃豪华大餐一样享受无比。父亲还仔细给小迪削了一个烂苹果，温柔地告诫他："吃完饭再吃水果。"饭后，两人玩起了"打蟑螂"的游戏，开心不已。

父亲的乐观感染到了小迪，即使遭受到富家子弟的嘲笑，他也不会失落、自卑。然而，那一天，当他在商场里见到同学平时玩腻了的高科技玩具时，内心第一次涌起了强烈的占有欲望。无论父亲怎样劝说乃至呵斥，他也不愿意放弃。父亲为了安慰儿子，在垃圾堆里捡到一只新奇的玩具狗。小迪慢慢也放下了心中的执念，和这只捡来的玩具玩得很开心……

正确运用"甜柠檬心理"，往往能够帮助我们脱离求而不得的痛苦心境，让我们的心灵焕发出新的希望和生机。所谓人生不如意事十之八九。我们有很多欲望和目标，是无法马上实现的。又或者，它们一辈子也无法成为现实。我们有太多人和事，是注定会被错过或者做错的。贪心追求更多，只会让我们在遭遇失败的时候痛苦难抑、耿耿于怀。

与其如此，倒不如练就克制的能力，以此化解多余的欲望。若遇到了挫折与意外，与其将自己变成一只"柠檬精"，浑身散发着酸气，嫉妒地观望着他人的幸福生活，不如来点儿"甜柠檬"，以此免去自我的苦痛与烦恼，达到快乐平和的心境。

8
抛下唾手可得的名利，去追逐内心真正的热爱

大部分人内心的痛苦、生活的压力，都在于对名与利的追求。很少有人能够放弃内心有关名利的执着，获得真正的自在。对于那些正处于名利中心的人来说，想要做到"放下"二字更是难上加难。然而，永远有那么一群人，勇于抛下唾手可得的金钱、名利和令人垂涎的前途，投身到自己真正热爱的事业之中。哪怕后一条路无比艰辛孤独也在所不惜。

小说《名利场》中的主人公丽蓓卡·夏普是个拥有很多欲望的女人。她的一生都是在不断追求中度过的，然而她奔忙半生却发现所谓名利都是镜花水月，不值一提。作者在书的末尾以伤感的语气写道："唉，浮名虚利，一切虚空，我们这些人谁又是真正快活地活着的？谁又是称心如意地活着的？就算当时遂了自己的心愿，以后还不是照样不知足？"

名利欲望并非都是负面的，它同样是促人上进的催化剂。

它引领着我们来到人生新的高度，令我们见识到了物质世界的繁华与精彩。然而，当我们对名与利的渴求不断膨胀，无论如何都无法满足时，就需要远离喧嚣环境，停下脚步，及时地对自我内心做一番审视。

怀有大智慧的人才能做到这一点。为了控制自己的欲望，他们会千方百计地寻找到更高级的欲望，即"赋予欲望更大的意义"，来实现自我灵魂的进步与成长。

所谓更高级的欲望，无非是内心真正热爱的事情。我们不计名利、不顾后果地投入其中，哪怕这条路遍地坎坷、长满荆棘，折磨得我们痛苦不堪亦无怨无悔。

古往今来，很多大学问家都做出过类似的选择：不屑于个人名利，却将所有才华、心血和精力都投入自己真正热爱的事业中。一方面，他们完成了精神的富足与成长，享受到了宁静致远的快乐；另一方面他们往往能顺其自然地收获惊人的成就。

正如"杂交水稻之父"袁隆平所言："要淡泊名利，踏实做人，才能取得一定的成就。现在少数人搞学术腐败，就是功利心、享乐心太重，急功近利，弄虚作假，到头来害人害己，只有踏踏实实地做人、做事，才能使心灵获得真正的满足。"

"美国的凡·高"亚瑟·皮那让的人生经历让人感慨颇深。20岁时，为了摆脱穷困潦倒的生活，亚瑟·皮那让进入了电影行业。彼时正处于漫画的黄金时代，他开始自学漫画，后成为一名插画师。作为漫画先锋，他先后创作出很多备受欢迎的卡通形象。在大量粉丝的追捧下，亚瑟·皮那让靠着突出的天赋及孜孜不倦的努力在商业漫画领域开创出了一片天地。

"二战"期间，亚瑟·皮那让暂时中断漫画事业，应征入伍。战争结束后，无数业内人士召唤他回归漫画领域，他却迟迟未做回复。旁人不理解他为何要放弃名利、财富，他却说，商业上的成功不过是个虚幻的肥皂泡泡，他真正热爱的是具有艺术价值的"严肃绘画"。

停止漫画事业后，亚瑟·皮那让靠着过往的积蓄生活。他不断增进着绘画技巧，坚持不懈地进行绘画练习。然而，他画了一辈子，其画作却始终未得到世人认可。1999年，亚瑟·皮那让带着遗憾郁郁而终。他去世多年后，人们才发现他作品中无与伦比的价值……

欲望是网，能禁锢人心。在智者看来，真正的成功是将自己真正热爱的事情做好，而不是为了名利欲望奔忙争抢，后者只会让你的灵魂慢慢枯萎，最终变得腐臭不堪。

9
你以为的"佛系"生活，只不过是不思进取

前两年，"佛系"一词火遍了整个互联网。我们动不动就将"佛系三连"挂在嘴边：都行、可以、没关系。很多年轻人更打着"佛系"的幌子，用"看破红尘"的态度，来遮掩自己的无所作为。不知你有没有发现，越是嚷嚷着平凡可贵的人，越是不思进取。

欲望，是人的内驱力之一，也彰显了人们的内在矛盾。当人们想要的越来越多，争取过程中却频频遭遇困难和挑战时，很多人会拼命压抑自我对名利、财富的渴望，安慰自己"佛系一点儿，做人会很轻松"。

　　蔡康永说过一段很有名的话："15岁觉得游泳难，放弃游泳，到18岁遇到一个你喜欢的人约你去游泳，你只好说'我不会耶'。18岁觉得英文难，放弃英文，28岁出现一个很棒但要会英文的工作，你只好说'我不会耶'。"不妨换个说法，成长过程中只要遇到任何稍具挑战性的事情，你第一反应都是"佛系"应对，即不管不问，悄悄放弃。

　　蔡康永一针见血道："人生前期越嫌麻烦，越懒得学，后来就越可能错过让你动心的人和事，错过新风景。"这种懒惰之欲会让你逃避思考，会逐步削弱你的行动力，令你养成畸形的生活方式。不要用"佛系"美化你的鼠目寸光，粉饰你的胸无大志。也不要给你的种种懒惰、逃避欲望寻找借口，这样你才能避免越活越迷茫的可悲结局。

　　某综艺节目中，一位著名的考研辅导老师激动地说："在中国几乎所有的500强企业，在世界几乎所有的500强企业，都告诉你学历不重要，但他们不会去普通大学招聘，他们说的都是假话。"在他看来，真正能毁掉一个年轻人的是一颗不思进取的心。

　　日本社会有一个特殊名词"宽松世代"，指的是1987年后上学的那批学生。那一时期日本在国内进行教育改革，那一批学生因此过上了极其"幸福"的生活。课堂教育老师无比敷衍、草草了事，课后学生们蜂拥向游戏厅，平时考试也没有成绩排名。

学生们心态那叫一个"佛系"，因为没有任何压力，他们做什么事都很懈怠。就这样不思进取到了30岁，在最该拼搏奋斗、大放异彩的年纪，宽松世代中的很多人表现出的状态却差强人意。日剧《宽松世代又如何》中，主角的妹妹坂间结就是这样一个人。

她一直在逃避上班，不愿意承担责任。好不容易有了一份工作，她却不停地发牢骚，抱怨同事难相处，食堂拥挤伙食不好。一遇到点儿困难，她就盼着能躲在被窝里蒙头大睡……

当你像坂间结一样，带着"佛系"的标签冲向职场，遇到点儿困难就绕路，后果显而易见。轻易地用"佛系思维"来麻醉自己，只会让你丧失精准的判断力和捕捉细节的执行力，到最后"佛系"的梦幻色彩没有了，换来的是一系列工作灾难、生活灾难。

有句话说得好："害怕辛苦的人最终会辛苦一辈子。"热衷于逃避现实的人，最终会被生活狠狠伤害，直至遍体鳞伤。在这个充满变数的时代，所谓的安逸生活根本不存在。遇到了一份有挑战性的工作，不妨争一争。不要害怕困难，更不要轻易放弃。很多时候，你只有勇敢地撕开"佛系"的标签，命运才知道你想要的是什么，应该给你些什么。

美剧《傲骨贤妻》中有这样一个情节：律师事务所迎来一

个年轻的女孩，她被分配到艾丽西亚手下。艾丽西亚尽心尽力地向女孩传授着自己的经验，让她欣慰的是，女孩聪明又努力，很快便脱颖而出。正在律师事务所考虑给予女孩更多机会的时候，女孩却选择了辞职。

对此，艾丽西亚很不理解。女孩却一脸幸福地说，她马上就要结婚了。残酷的职场，冰冷的法庭让女孩倍感压力。她害怕自己无法承担这些压力，恰好男友向她求婚，女孩欣然同意。她一想到从此自己不必再去应付那些烦人的工作便觉得开心。

然而，几年后，艾丽西亚在一场官司中遇到了当初那个女孩。以前的她，专业性强，在法庭上的表现却很软弱。这时的她，却周身肃杀的气派，眼神里的懵懂、纯真通通消失不见。原来，女孩已与丈夫离婚，为了养活孩子她不得不杀回职场，从头开始。

面对曾经的老师艾丽西亚，女孩寸步不让，没有丝毫的客气。为了赢下这场官司，女孩想出种种手段。艾丽西亚一点儿都没觉得被冒犯，反而对女孩的转变感到欣慰。

鲁迅曾写道："真正的勇士敢于直面惨淡的人生，敢于正视淋漓的鲜血。"北岛的诗也让人印象深刻："平凡是平凡者的墓志铭，卓越是卓越者的通行证。"

你所追求的佛系，不过是不思进取、沉湎安逸的代名词。过度膨胀的欲望会毁了你的人生，而过度"佛系"、低欲望也不会带给你想要的未来。要知道成功的背后有勤奋、有机遇、有经营，唯独没有不争不抢的"佛系"和轻而易举的放弃。